六甲岩めぐりハイキング

巨岩・奇岩・霊石を楽しむ9コース＋α

江頭 務 著

創元社

はじめに

私と岩との出会いはおよそ10年前、会社を退職して山登りに夢中になっていた頃である。休日は登山クラブの人たちと遠くの山に、平日はトレーニングをかねて近くの六甲山に登っていた。そのうち登山クラブのウェブサイトを立ち上げることになり、私もその技術習得のために自分のホームページを作ってみた。しかし作ったものの、掲載する内容がない。はじめは六甲の花などを紹介してみたが月並みな気がして物足りず、まだ誰も手がけていないテーマをと考え、思い至ったのが「岩」だった。私のホームグラウンドである荒地山《あれちやま》は、六甲山系の中でも岩のメッカだったのである。

古地図や古文献を頼りに六甲山の岩という岩を探し、岩に関する民話や伝承を収集していくうち、この地で岩と人とがいかに密接に関わってきたかをひしひしと感じるようになった。登山中に見つけたユニークな形の名もなき岩にも、自分で勝手に呼び名をつけると愛着が湧いた。そのうち、信仰の対象となる「磐座《イワクラ》」が存在することにも気がついた。それ以来、神社が成立するはるか以前の信仰形態に興味をもち、各地の磐座のある社寺をめぐり歩くとともに、イワクラ（磐座）学会の会報に古代祭祀《さいし》に関する論文を発表し続けた。思いつきで始めた岩めぐりに、すっかり取りつかれてしまったのである。

本書は、これまで私が調査してきた六甲山の岩々を紹介するとともに、ハイ

キングをしながら実際に見に行けるようコースに仕立てたガイドブックである。初級者でも比較的気軽に挑戦できるノーマルコース6本と、ベテラン向きだが迫力ある岩々を味わえるアドベンチャーコース3本を設定し、その他の注目すべき岩については、アラカルトやエッセイという形で解説した。

　岩々の魅力を伝えるにあたっては、単に登山との関わりだけでなく、岩のもつ多面性を六甲山という里山を舞台に明らかにしたいと考え、登山史、地質、地誌、採石場、山論《さんろん》、伝承、磐座、雨乞《あまご》い、修験《しゅげん》など、多角的な視点を心がけた。紙面の都合上どれもほんの一部の紹介にとどまっているが、岩にまつわる様々なエピソードに触れたつもりだ。

　またコースについては、2017年5月~2018年3月にかけて、すべて老骨に鞭《むち》打って新たに取材山行を行った。10年も経つと草木が生い茂って岩の印象が随分変わっていたり、山道がつけ替えられていたりすることもあるので、現在の岩やルートの状態を確認しながらの執筆だった。なお、本書ではできるだけ安全なルートを設定したが、山登りには遭難や落石、転落の危険がつきものである。目当ての岩を見るために整備された一般のコースから外れることも多いので、岩めぐりの際には細心の注意を払っていただきたい。

　本書が岩と人とのつながりについて考える契機になれば、著者望外の喜びである。

2018年　春　江頭　務

もくじ

第1部　ノーマルコース

第2部　アドベンチャーコース

第3部　岩アラカルト

《本書の見方》

［ルート説明］
実際に歩くルートや見られる岩の詳細を説明しています。本文、写真、イラストマップの番号はそれぞれ対応しています

［岩の名前］
原則として参考文献などから調べましたが、著者が独自に呼んでいる名称には、本文の初出に「*」印をつけて示しました

［コース］
「ノーマル」は一般的なハイキングとほぼ同じレベルの挑戦しやすいコース。「アドベンチャー」は比較的高度な山歩きの知識や経験、技術が必要なベテラン向けコースです

［ルート概要］
そのコースでたどる大まかなルートや岩の特徴を紹介しています

［コースタイム］
コース上のおもなポイントまでの目安の所要時間を示しています

［岩レベル］
コース上の岩の特徴（右上から左回りに、岩数と密集度／大きさ／形のユニークさ／岩壁の多さ／歴史性／伝承・信仰の有無）を、全コースを比較して相対的に評価しました

［歩行時間］
片道の標準的なコースタイムを示しています。休憩時間は含みません

［歩行距離］
片道の歩行距離の目安を示しています

［難易度］
道のわかりにくさ、必要な登山技術や体力などから判断・評価しました

［疲労度］
歩行時間や距離、高低差の大きさなどから判断・評価しました

※参考文献からの引用は原則として「　」で示しました。ただし新漢字・新かな遣いに改め、適宜ふりがなをふって読者の便をはかりました。

※本書の情報は2018年2月現在のものです。ルートや岩の様子は天候や季節、経年の変化によっても変わります。実際に岩めぐりに出かける際は、本書の情報のみならず必ず独自に調査し、ご自分の技術や経験、体力等を考慮して安全に行ってください。

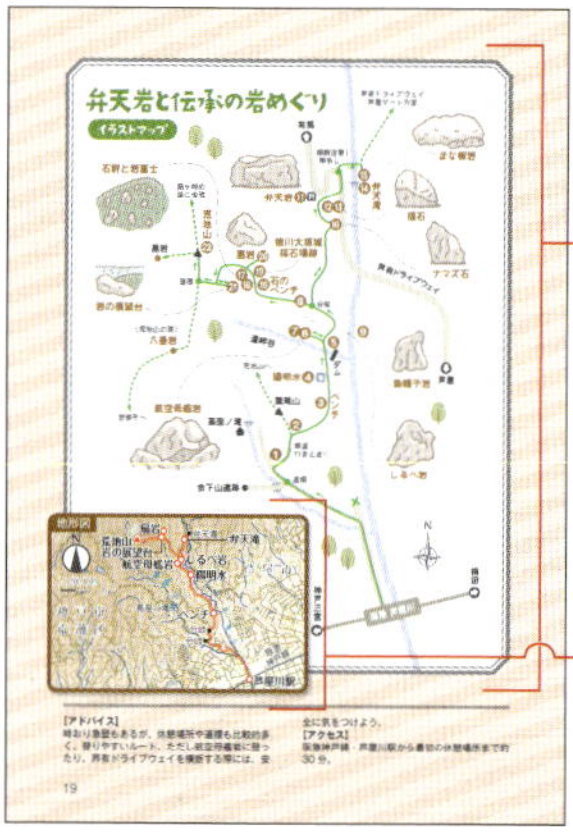

［イラストマップ］
ルートや岩の位置関係を感覚的につかめるよう、距離や方位、岩の大きさをディフォルメして描いています

［地形図］
実際に歩行して取得したGPSのログをもとに地形図にルートを示したものです

第 1 部

六甲岩めぐりハイキング

ノーマルコース

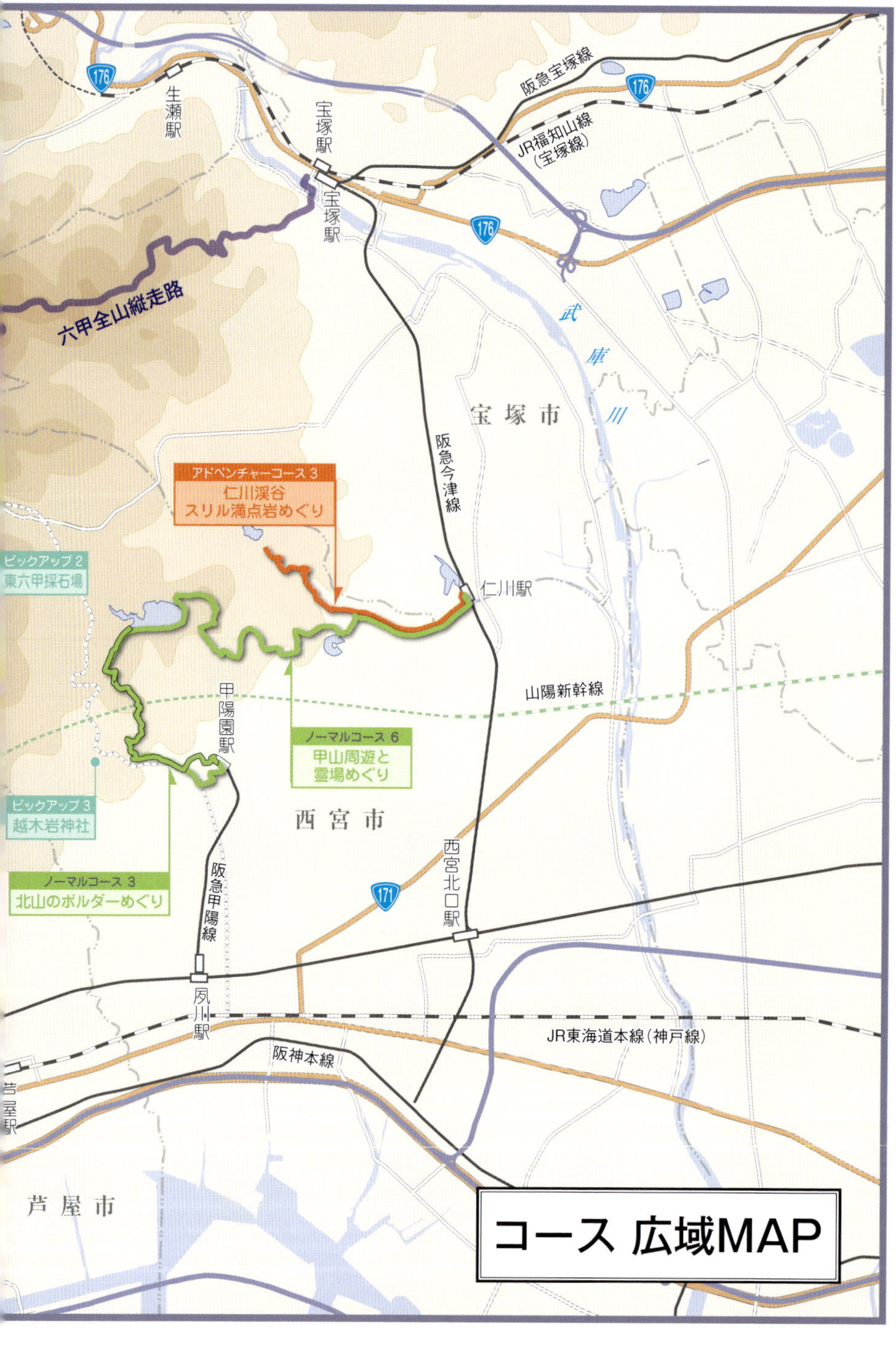
コース 広域MAP
阪急宝塚線
176
JR福知山線
(宝塚線)
生瀬駅
宝塚駅
宝塚駅
六甲全山縦走路
武庫川
宝塚市
阪急今津線
アドベンチャーコース 3
仁川渓谷
スリル満点岩めぐり
ピックアップ 2
東六甲採石場
仁川駅
山陽新幹線
甲陽園駅
ノーマルコース 6
甲山周遊と
霊場めぐり
ピックアップ 3
越木岩神社
西宮市
西宮北口駅
ノーマルコース 3
北山のボルダーめぐり
阪急甲陽線
171
夙川駅
JR東海道本線(神戸線)
阪神本線
芦屋駅
芦屋市

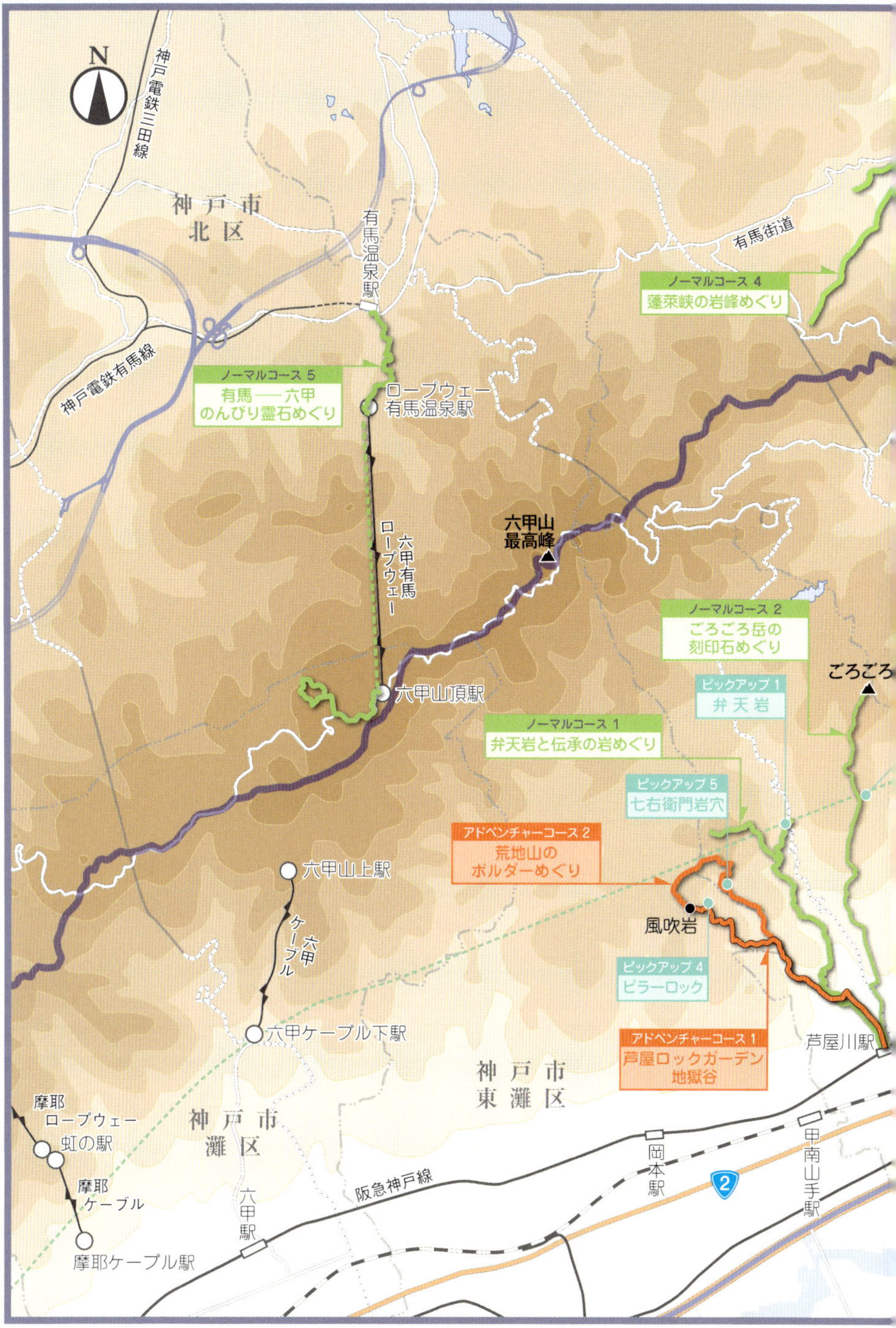
N
神戸電鉄三田線
神戸市
北区
有馬温泉駅
有馬街道
ノーマルコース 4
蓬莱峡の岩峰めぐり
神戸電鉄有馬線
ノーマルコース 5
有馬――六甲
のんびり霊石めぐり
ロープウェー
有馬温泉駅
六甲山
最高峰
六甲有馬
ロープウェー
ノーマルコース 2
ごろごろ岳の
刻印石めぐり
ごろごろ
六甲山頂駅
ピックアップ 1
弁天岩
ノーマルコース 1
弁天岩と伝承の岩めぐり
ピックアップ 5
七右衛門岩穴
アドベンチャーコース 2
荒地山の
ボルダーめぐり
六甲山上駅
風吹岩
六甲
ケーブル
ピックアップ 4
ピラーロック
六甲ケーブル下駅
アドベンチャーコース 1
芦屋ロックガーデン
地獄谷
芦屋川駅
神戸市
東灘区
摩耶
ロープウェー
虹の駅
神戸市
灘区
摩耶
ケーブル
甲南山手駅
岡本駅
2
阪急神戸線
六甲駅
摩耶ケーブル駅

ノーマルコース

1

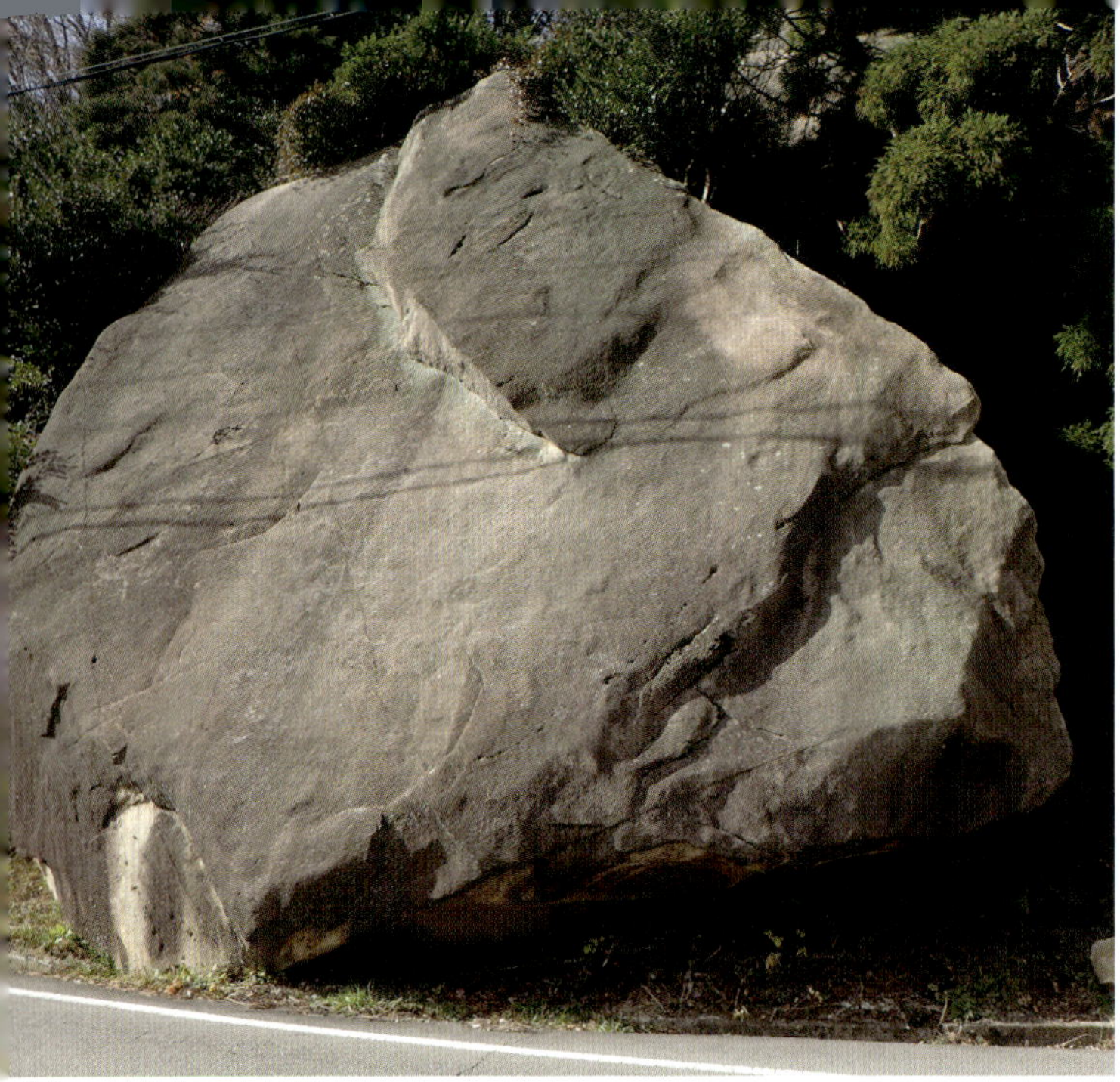

弁天《べんてん》岩と伝承の岩めぐり

由緒ある岩々をゆっくりとめぐる

ルート概要

明治末に発行されたこの地域の地誌『西摂大観《せいせつたいかん》』に紹介されている烏帽子《えぼし》岩や、江戸時代の雨《あま》乞《ご》いで知られる弁天《べんてん》岩、六甲山に関する草分け的著作である竹中靖一の『六甲』に記載された扇《おうぎ》岩など、いにしえの岩を訪ねるコース。弁天岩や扇岩周辺には徳川大坂城の採石場もある。多くのハイカーでにぎわう岩梯子《いわばしご》ルートとは異なり、静かに岩や景色を楽しめる。

コースタイム

阪急芦屋川駅 → 25分 → ベンチ → 20分 → 陽明水 → 10分 → 航空母艦岩 → 5分 → しるべ岩（→ 弁天岩 往復20分）→ 15分 → 石のベンチ → 10分 → 扇岩 → 5分 → 岩の展望台 → 15分 → 荒地山山頂

歩行時間	歩行距離	難易度	疲労感
約2時間5分	約4.0km	★★☆	★★☆

岩レベル

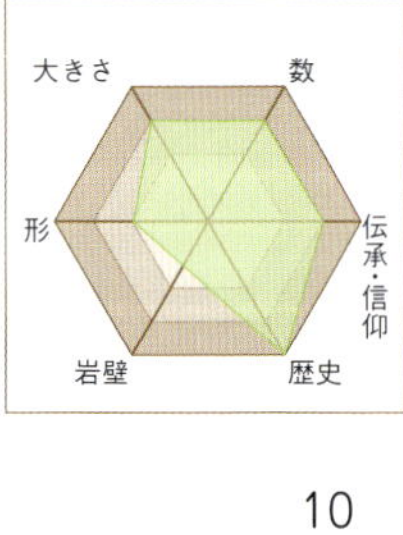

住宅街をぬけて鷹尾山《たかおやま》方面へ

阪急芦屋川《あしやがわ》駅から芦屋川の右岸を山手へ向かう。大僧《おおぞう》橋を渡って、マンションの足元にある「左瀧」と書かれた小さな石の道標がある角を左手に曲がる。「会下山《えげのやま》遺跡」との分岐を通り過ぎてしばらく進むと、次に「高座《こうざ》ノ滝」と「城山（鷹尾山）」の分岐1が現れる。そのまま進むと高座ノ滝に至るが、ここでは右手（城山）の方へ。多くの登山客は高座ノ滝に向かうので、引きずられないように注意しよう。

1
高座ノ滝（左）と鷹尾山（右）の分岐

鷹尾山（城山）への右手の道を選んで登ってゆくと、鷹尾山の頂上に至る途中に写真2のような道標のある分岐がある。ここも道なりに進んでしまいがちなので、見逃さないようにしよう。

ここで「弁天岩」とある右の道を選べば、後は芦屋川に沿った一本道で迷う要素はほとんどない。谷側に向かう道は無視しよう。

2
鷹尾山の頂上（左）と弁天岩（右）の分岐

3
ベンチのある休憩所

順調に進めば、駅から半時間ぐらいで、一対の木のベンチが置かれた休憩所3までたどり着くので、ここで一息入れよう。春には山桜が満開になる美しいところである。

ちなみに、ここからさらに20分程歩いたところにある、陽明水という水場4でも休憩できる。

4
陽明水の標札のある休憩所

頂部の平らな名もなき謎の巨岩

陽明水を過ぎて、10分ほど歩くと砂防ダムがある。そこを越えると右手に大きな石があり、その先に写真5のような分岐がある。弁天岩へは右の道を進むが、ここでは一度正面の広い道を直進してみよう。する

5

道が分かれているが、まずは直進する

巨大な航空母艦岩

6

と谷川に遭遇する。これが道畔谷《みちあぜだに》である。

谷川の上流を見渡すと写真**6**のような巨大な岩が谷をふさいでいる。その上部**7**は、飛行甲板のように真っ平である。これほどの巨岩に名がないわけはないと、さんざん調べたが手がかりは得られなかった。そのため、見た目の印象から私は**航空母《こうくうぼ》艦《かん》岩***と名付けている。

航空母艦岩の上部。まるで飛行甲板のように真っ平だ

なお、航空母艦岩の上部へは、写真**6**正面に向かって左側の斜面を登ってからアプローチするのが安全である。足を滑らさないように、慎重に行動しよう。特に落葉が積もっている時は危険である。

歴史の証人である岩を望む

航空母艦岩を見たら元の分岐まで引き返し、改めて右の道を進む。5分ほど急な斜面を登っていくと、写真**8**のような黒っぽい岩がある。この岩は分岐点になっていて、左の道に行けば荒地山の頂上に、右に行けば芦屋川の右岸に沿って進む道になる。私はこれを目印がわりに**しるべ岩***と呼んでいる。

この岩のある高台にしばらく立ち寄り、あたりの景色を眺めてみよう。すると、東方のごろごろ岳《だけ》の山裾《やますそ》にピストルの撃鉄のような形をした奇

分岐点に立つしるべ岩

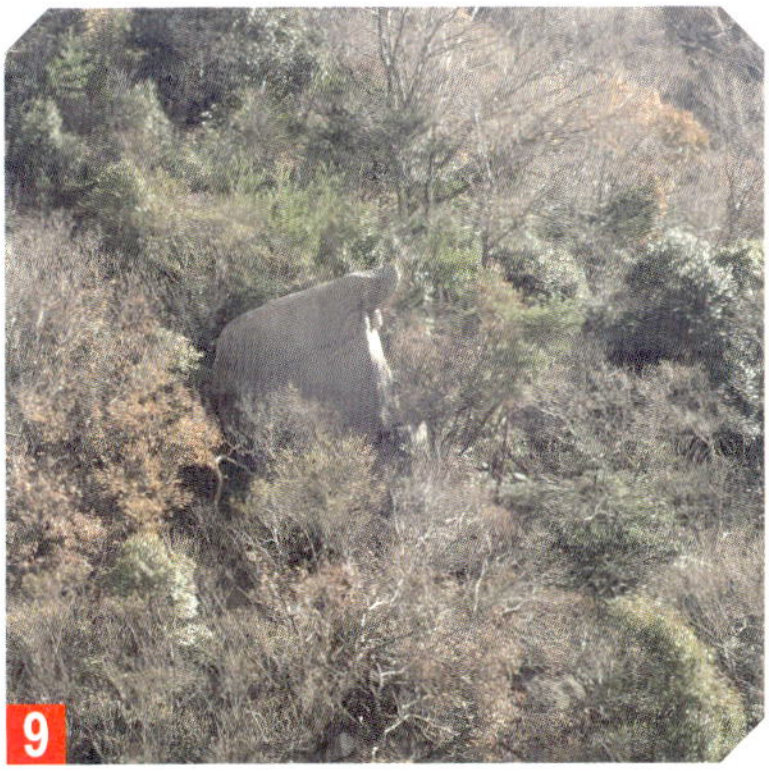
しるべ岩から見たごろごろ岳の山裾の烏帽子岩

妙な岩があることに気づく。これが、**烏帽子岩** 9 である。

烏帽子には様々な種類があるが、これは先が折れ曲がった風折り烏帽子である。この岩は古くから知られていて、寛延3年（1750）の山《さん》論《ろん》裁許状にもその名が見える。山論とは江戸時代に頻発した山野の境界・利用をめぐる村落間の争論のことで、芦屋・社家郷・本庄の村々の境界を取り決めたこの山論裁許状では、境界の目印として多数の岩の名が記載されている（P.132エッセイ8参照）。

また、明治の末に刊行された地誌『西摂大観』には「岩石の形状恰《あたか》も烏帽子に似たるを以て名つく」とあり、現在と同様、今にも崖から落ちそうな状態で、下から仰ぎ見ると肝を冷やすと書かれている。

しるべ岩を後にして、芦屋川沿いの方の道を10分程歩くと、芦有《ろゆう》ドライブウェイがすぐ下に走っているのが見えてくる。そのそばに巨大な岩 10 が立っている。

これは平成7年（1995）1月17日の阪神淡路大震災によって、この後訪れる扇岩の直下から転落してきた石で、通称**ナマズ石**という。六甲山系の岩には震災のつめ跡がいたるところに見られるが、この岩も震災モニュメントの一つと言えよう。

10

ナマズ石。現地の説明板によると、重さ500トン（推定）、長さ8.6m、幅6.9m、厚み4.1mとある

雨乞い神事にまつわる岩

ナマズ石の先にある**弁天岩**とまな板岩（鱶切《ふかき》り岩）は、雨乞い神事に登場する一連の岩である（P.20エッセイ1参照）。登山道の脇にある弁天岩の前には、水神社の跡 11 が残さ

11

弁天岩とその手前にある水神社跡

れている。

弁天岩の下には、山の斜面に沿って**福石**《ふくいし》と呼ばれる上段・中段・下段の3つの巨岩がある。ハイキングコースから眺めることのできる上段の岩には矢穴《やあな》12（大きな石を割る際、楔《くさび》を打ち込むために開ける小さな穴）の列がある。これは大坂夏の陣の後、徳川が大坂城を再建した時に石材を切り出した、徳川大坂城東六甲採石場の名残である（P.30 エッセイ2 参照）。矢穴のある石は、弁天岩の上部にも散在している。

また、芦有ドライブウェイに面した下段の岩13は高さが14メートルもある。

「弁天岩」の名は、近くにある弁天滝から派生したと考えられる。弁天滝を見るには、芦有ドライブウェイを横断して北側のヘヤピンカーブの屈曲部に向かう必要がある。ただし車の往来が激しいので、横断時にはくれぐれも注意してほしい。

弁天滝14の上部には、その上で鱶《ふか》（サメ）を刻んだといわれる**まな板岩**（**鱶切り岩**）15と呼ばれる岩が川べりにある。この岩の上面は少し傾斜はあるが、まな板のように平らである。

上段の福石の頂部。中央に矢穴の列が見える

下段の福石。高さ約14mと、ちょっとした2階建ての家ほどもある

14弁天滝の上部。奥の巨岩がまな板岩
15まな板岩（鱶切り岩）。上部がまな板のように平ら

休憩しながら岩群を眺めよう

弁天岩や福石を見学したら、しるべ岩まで引き返そう。約10分程度でたどり着くだろう。しるべ岩から今度は荒地山の頂上を目指す。

はじめはかなりの急登であるが、15分程登ったところに、**石のベンチ***16がある。ここで一息入れて、荒地山山腹の眺めを楽しもう。ハイカーでにぎわう岩梯子ルートとは趣《おもむき》を異にする静かな光景だ。奇々怪々の岩群17が、樹林の合間にところ狭しと広がっている。

また眼下には、高さ20メートルは越えていると思われる台形状の岩18がそびえている。おそらくクライマーの間では何らかの呼び名があったものと思われるが、私はこれを**岩富士***と呼んでいる。

16 登った先にある石のベンチ

18 石のベンチから見下ろした台形状の岩富士

荒地山の山腹に広がる岩群

17

手前の縁に矢穴の跡が残る石は、ここが徳川大坂城東六甲採石場跡であったことを示している

採石場跡と岩の海

石のベンチを後にして10分ほど歩くと、石がごろごろと転がっている薄暗い斜面がある。

矢穴の跡が残る石19もあり、ここもかつての徳川大坂城東六甲採石場だったことがわかる。それにしても、ここは標高約460メートルもある場所である。もっと麓《ふもと》にも巨岩が多数あるのにもかかわらず、なぜ運搬に不利な高所の石を切り出すのか不思議である。それを上回るような石材としての価値があるのであろうか。

この下は岩海《がんかい》となっており、大きな石が川の流れのように谷を埋めつくしている。岩海は、大きな岩塊《がんかい》が気温の変化などで節理《せつり》（割れ目）にそって割れ、さらに風化して丸みを帯びた岩石が帯状に残った地形のことで、ごろごろ岳（P.22 ノーマルコース2 参照）でも見ることができる。

斜面を登りきると、右手の高みに登る細い枝道がある。そこを上りつめたところが、**扇岩**20である。

竹中靖一・著『六甲』には、扇岩について「芦屋川、弁天岩の上、西北方にある巨岩。

扇岩

芦屋谷の水電導水路から仰ぐと峯《みね》の尖端《せんたん》に扇を開いた様に見える」と書かれている。芦屋谷の水電導水路とは、ごろごろ岳の西山腹を走る水路で、今も広い道が通じている。今でもここから扇岩を見ることができるが、樹木が茂っているために扇の形を確認するのは難しくなっている。

山頂付近で眺望を楽しもう

扇岩を後にして5分程登ると、はっきりしたT分岐がある。右手は荒地山に登る道で、左手は**岩の展望台***21に降りる道である。岩に囲まれた展望台はかなり広く、多人数でも昼食をとれる場所としておすすめである。比較的いつも静かで、下界の景色を満喫しながらゆっくりと食事を楽しめる。

岩の展望台から約15分で荒地山の山頂22にたどり着く。山頂の手前にもT分岐があるが、右の道を進む。山頂は、見晴らしは悪いが広々とした広場で、岩梯子ルートからの登山者も合流し、いつも大勢の人でにぎわっている。

山頂からは3通りの道がある。一つは今登ってきた道を直進するもので、風吹岩《かぜふきいわ》から雨《あま》ヶ峠《とうげ》に向かう道に

21
岩の展望台。芦屋・西宮・大阪方面が一望できる

合流する。二つ目は今登ってきた道から左手に降りる道で、5分程で黒岩に到達する。最後は、さきほどのT字路を左に直進するもので、7分程で荒地山の肩にある*八畳岩《はちじょういわ》に至る。なお、黒岩・八畳岩は、本書のアドベンチャーコース2「荒地山のボルダーめぐり」（P.84参照）の起点となっている。

22
荒地山山頂（標高 549m）

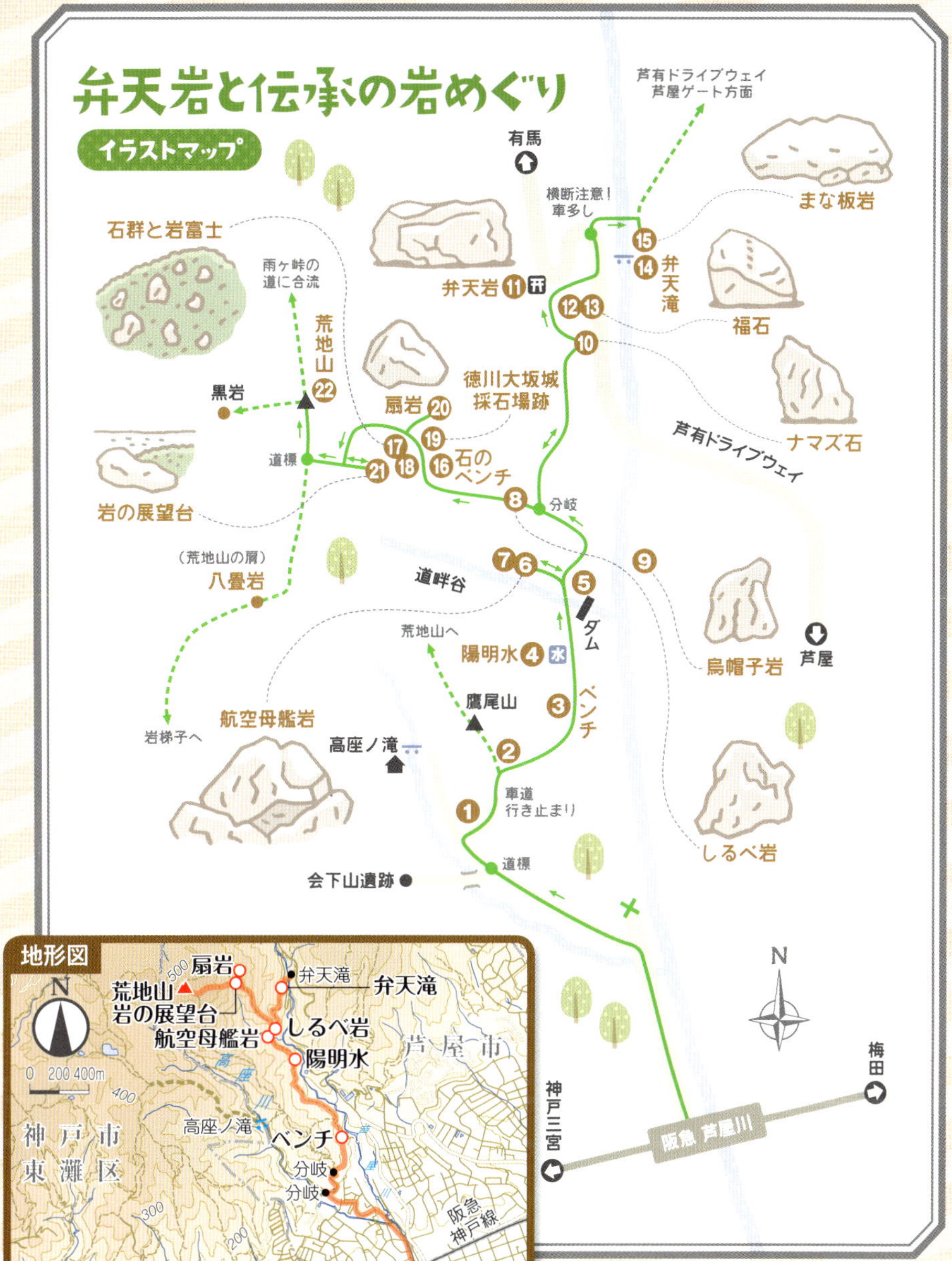

【アドバイス】
時おり急登もあるが、休憩場所や道標も比較的多く、登りやすいルート。ただし航空母艦岩に登ったり、芦有ドライブウェイを横断する際には、安全に気をつけよう。

【アクセス】
阪急神戸線・芦屋川駅から最初の休憩場所まで約30分。

Pick Up
エッセイ

1 弁天岩《べんてんいわ》の雨乞《あまご》い伝説

弁財天をまつる社《やしろ》

弁天岩は、水神の住処《すみか》として江戸時代から山麓《さんろく》の芦屋《あしや》・打出《うちで》の村人たちの雨乞いの場であった。弁財天は、もともとインドにおける河川の神であったが、日本古来の水神信仰と結びついて水辺にまつられるようになった。

図1　弁天岩の前には石でできた水神社の跡が残る

元禄5年（1692）の記録に「うがまつり、弁財天女、面一尺八寸、つま一尺六寸、御拝八寸、神主吉左衛門、敷地境内共二十間四方、福石《ふくいし》三ツ有」と見える。「うがまつり」とは弁財天の別称「宇賀《うが》神」の祭りで、江戸時代には、富《ふう》貴栄達《きえいたつ》を祈ってこの地で盛大に行われた。

「福石三ツ有」とあるのは、水神社がまつられていた弁天岩の下にある、上段・中段・下段と3つ連なった巨岩である（P.15参照）。上段と中段の岩は重なりあっているのに対し、中段と下段の岩には少し空間があるので、上・中段の岩と下段の岩を一対のものとみて、夫婦《めおと》岩または親子岩と呼ばれていたこともある。※1 弁天岩を磐座《イワクラ》とする解釈においては、3つの福石は岩門《いわと》と呼ばれる鳥居にあたるもので、弁天岩が本殿（磐座）である。

弁天岩の雨乞い伝説

芦屋地方では、日照りがつづくと、村の主だった人がこの水神にこもって雨乞いをした。それでも雨が降らない時には、「鱶切《ふかき》り」を決行したのである。
　芦屋川の上流、弁天岩のすぐ下に小さな滝がある。その上手に「まな板岩（鱶切り岩）」という、ほとんど水平に長方形の大岩が川の中に横たわっている（P.15、写真15）。雨乞いはこの岩の上で行われた。芦屋沖から大きな鱶（サメ）を捕えてきてまな板岩の上で料理し、その流れ出た血潮を、水神をまつる大岩に浴びせかけるのである。そうすると、たちまち六甲山上の石《いし》の宝殿《ほうでん》（P.122参照）あたりから黒雲が湧き出て、大雨となる。つまり、鱶の血で水神を汚して怒らせ、神は汚れを祓《はら》うため雨をふらすというのである。[※2]
　六甲山の周辺の村々では、同様な雨乞いの習俗が多く伝えられている。石の宝殿で祈禱《きとう》する場合が多いが、生瀬《なまぜ》川上流の溝滝の高座岩で行われる雨乞いも知られている。いずれも、岩を動物の血で汚し、神が汚れを洗い去ろうとして雨を降らせるのだと伝えている。これらはもともと、岩を神の寄りますところとし、その神にいけにえを供える行事であったのであろう。カニやカエルを用いて同様な雨乞いをした村々もあった。芦屋の「鱶切り」もそのような古来の民間信仰を伝えているのであろう。

図2　天保５年(1934)８月の「鱶切り」を描いた絵[※3]。大きな魚が供えられているが、見たところサメではなさそうだ

《注》
※１　細川道草『芦屋郷土誌』芦屋史談会、１９６３年
※２　『新修芦屋市史』芦屋市、１９７１年
※３　前掲書、P.５５４

ノーマルコース 2

ごろごろ岳《だけ》の刻印石《こくいんせき》めぐり

大坂城を再建した採石場を訪ねる

ルート概要

徳川大坂城東六甲採石場の石群を見学した後、四ツ目岩・剣岩《つるぎ》を経てごろごろ岳山頂に至るルート。谷底に横たわる五枚岩は、1つの巨岩から複数の直方体の石材を切り出す江戸時代初期の工程をしのぶことができる。四ツ目岩は六甲の登山ガイドの古典にも記述されている四つ目の刻印のある巨岩である。また剣岩は霊岩として知られ、その天に突き刺さる剣先は荘厳《そうごん》である。

●コースタイム

阪急芦屋川駅 →(25分)→ 前山公園 →(30分)→ お休み岩 →(25分)→ ひよこ岩 → 石島池 →(10分)→ トンボ岩 →(10分)→ 剣岩 →(5分)→ ごろごろ岳山頂

ひよこ岩 →(25分)→ 十字岩・五枚岩・四ツ目岩など → 石島池

歩行時間	歩行距離	難易度	疲労感
約2時間10分	約4.0km	★★☆	★★☆

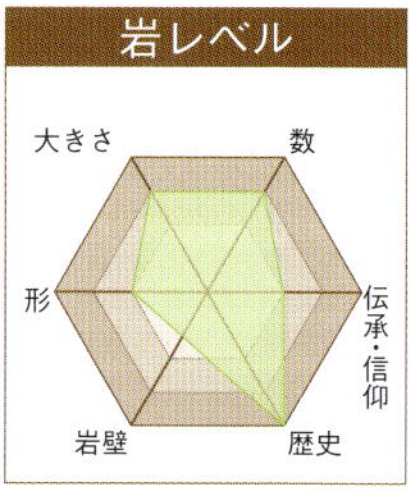

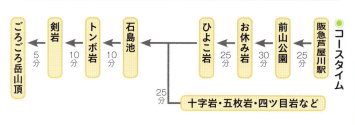

住宅街を抜けて前山公園へ

阪急芦屋川《あしやがわ》駅から登山口までは住宅街を抜けていくことになる。駅を山側の北出口から出て、右手に流れる芦屋川沿いを上流方向に行く。開《かい》森橋《もりはし》を渡り、左手の芦有《ろゆう》ドライブウエイを北へ上がっていくと、芦屋市立山手小学校にたどり着く。学校を通り過ぎた最初の角を右折し、突き当たりのT字路を左に折れて、山側に向かってひたすら進む。バス道を渡ってさらに進むと、右手に甲南《こうなん》中学・高等学校の門が見え、そこで道が左右に分かれている。左側の道に、前山公園の入口がある。

前山公園の高所を目指していくつかの階段を登ると、かなり広い道に出る。この道を左手から回り込むとコンクリート製の貯水タンクがあり、その前に登山口がある。

登山路は明瞭《めいりょう》で、たくさんある道標に導《みちび》かれて道なりに進めばよい。山を歩く場合は送電鉄塔もよい道標となる。前山公園を出発して最初に出会う鉄塔を過ぎて、5分ほど歩くと私が**お休み岩**[*] **1** と呼んでいる岩がある。ここまで約半時間。展望を楽しみながら一息入れよう。

1
お休み岩

大坂城を再建した採石場

これから先に、徳川大坂城東六甲採石場と呼ばれる石切り場跡地のエリアがある（詳細はP.30 エッセイ2 参照）。二代将軍秀忠《ひでただ》は、夏の陣で焼失した大坂城を再築するために、全国の大名に石垣用の石材の調達を命じた。ごろごろ岳には当時の刻印のある石材が多数残されている。一般的には、刻印は城郭の天下普請《てんかぶしん》において、参加した諸大名が集めた石材の所有権を明確に示すためのものと考えられている。

ここではハイキングコース沿いにある刻印石のいくつかを紹介しよう。なお、刻印石の番号や地区名は芦屋市の文化財調査報告第12集、第31集、第60集と、兵庫県教育委員会による「徳川大坂城東六甲採石場」の資料に基づいている。書誌情報の詳細は

P.141の参考文献を参照してほしい。

ひよこ岩

最初はお休み岩から20分あまり歩いたところ、登山道の右手にある刻印石で、私は**ひよこ岩***2（刻印石C-1）と呼んでいる。この石は、東六甲採石場のうち奥山刻印石群と呼ばれる周辺のエリアが発見されるきっかけとなった。現在でも刻印をはっきりと読み取ることができる貴重な刻印石である。描かれている記号は、⊞と、右に45度傾いた≙3である。田の字は家紋の「平四つ目」であろうか。なお、刻印は対向面の反対側にあるので回り込んで見よう。

2
ひよこ岩

3
刻印部分の拡大。田の字状に４つ並んだ正方形と、傾いた三角矢印のマークが見られる。

十字岩とB地区

次の岩は現在の登山ルートから少し離れているので注意が必要である。ひよこ岩から3分ほど歩くと写真4のような岩群があり、そのすぐ先に分岐がある。右手の道（東方）に顔を向けると、写真5のようなテラス状の刻印石B-25が見える。十字の強烈な矢穴《やあな》が走っているので、**十字岩***と呼んでいる。資料にあるZの刻印はかろうじてチョークでなぞることができたものの、≙や〓は判読不能であった（なお、チョークは撮影後、水

4
十字岩と五枚岩に至る目印の岩群

で洗い現状回復した)。

このあたりはおもに越前福井藩松平家が採石したと言われるB地区の中心部で、特に刻印石が密集しているところである。十字岩の手前にも、矢穴がV字に走る**V字岩***6（刻印石B-24）がある。

また、十字岩の北側には、矢穴の跡がまるでワニの口のような**ワニ口岩***7（刻印石B-36）が転がっている。向かって左側の側面にちいさな㗊の刻印8があるが、資料を読んでいなければ判読できなかっただろう。

ワニ口岩。調査時に白く書かれた識別番号が右上部にかすかに読み取れる

くっきりと交差した矢穴の残る十字岩

ワニ口岩に残る四つ目の刻印

V字岩。奥に見えるのは、割れ目に松の木が生えている十字岩

五枚岩

奥山刻印石の中で最大級の広さを持つ**五枚岩**9も見ておこう。道らしい道はないが、前掲の写真4のところから灌木《かんぼく》をぬって東側の谷を3分ほど下れば、右手方向に見つかる。近くにも大きな石がごろごろ集まっているが、五枚岩は最大部分で縦3・3メートル、横5メートルもある特大の平らな岩である。櫛《くし》形の矢穴の列は羊《よう》羹割《かんわり》技法と呼ばれ、直方体の石材を効率的に切り出す工法の跡である。

A地区の刻印石

次はA地区の刻印石を見学しにいこう。十字岩まで戻り、ごろごろ岳の一般ルートである柿谷コースを通って第二の送電鉄塔を過ぎると、すぐに写真10のような分岐がある。この分岐の手前で、右手方向の高み

五枚岩には櫛状の矢穴はあるが、刻印はないようだ

送電鉄塔からやや北にある分岐。この手前で右手方向の斜面を少し登ったところにA地区がある

とんがり岩と、かろうじて判別できた四つ目の刻印

を藪《やぶ》をかき分けながら10歩ほど登ると、岩が群れているところがある。

石島池の島岩。刻印は判読できなかった

その地表高さ約30センチの境界柱が立っている近くに、**とんがり岩***11（刻印石A-1）がある。刻印はほとんど判読不可能であるが、資料の写真を見たことがあれば何とかわかるレベルである。

再びごろごろ岳の柿谷コースに戻って少し進むと、すぐ左手にひっそりと小さな池12がある。矢穴のついた大きな**島岩***（刻印石A-10）が鎮《ちん》座《ざ》している小池で、その名も石島池である。資料によればこの石には⊖⊖の刻印があるそうだが、見つけられなかった。

H地区の刻印石

最後に、H地区の刻印石をめぐろう。木藤精一郎著『六甲北摂ハイカーの径《みち》』に、「四ツ目紋章の刻印の岩」と紹介されているのが**四ツ目岩**13である。

10メートル程度の巨岩で、2つの岩が寄り添っている。おそらく、1つの岩が風化作用によって割れたものと思われる。谷側から見て左の岩には多数のハーケンが打ち込まれていてクライミングの対象であったことがわかる。また右の岩には、木藤の記述通り四つ目の刻印がある。10年前には私もすぐこの刻印を確認できたが、現在では判読不能の状態であった。

この岩に到達するには、石島池から芦屋ゲートに向かうハイキング道を利用するのがわかりやすい。10年前は廃道状態になっていた道である。道はしばしば付け替えられるので、入り組んだところにある岩の位置などは地形で記憶するのが有効である。

石島池は凹地であるので、ハイキング道は峠のようなところを通過するはずである。その峠から尾根伝い・谷寄りに南のピーク（標高475メートル、国土地理院の2万5千分の一地形図を参照）に向かって2分程度登れば、四ツ目岩の頭が見える。

四ツ目岩は西側の谷の斜面にへばりつくように立っている。近くに大きな松の木があるので、そこを回り込んで谷に降りれば四ツ目岩の正面に出ることができる。はっきりした道がないので、帰りは元のルートを逆にたどるのが賢明である。

13
四ツ目岩。10年前には赤丸のあたりに四つ目の刻印が見られた

ごろごろ岳山頂へ

ひととおり刻印石の見学を終えたら、ごろごろ岳山頂に向かおう。石島池より10分程歩いたところの右側に、写真14のようなコナラの木が生えた露岩が見える。これが**トンボ岩***の上部にあたる。全体15を見るためには、岩を回り込んで下に降りればよい。

本コース最後の剣岩は、本道から少し離れたところにある。山頂へ向かって登ってゆくと、途中にNHK中継施設の白い建屋がある。建屋か

14
トンボ岩の上部。非常に地味なので注意

15
トンボ岩。大きな複眼をもつトンボの顔に似ているので、そう名付けた

ら少し戻ったところに写真16のような道標があるので、そこから谷に降りる。本道寄りに1分ほど歩くと見えてくる巨大な岩が**剣岩**17である。

16
剣岩に至る分岐点

　剣岩は古神道家の荒深道斉《あらふかみちなり》が天叢《あめのむら》雲剣《くものつるぎ》と呼んだ霊石である。また、この岩は「剣谷」の地名のもとになった岩とも言われている。

　本道に戻って進むと、いきなり住宅が正面に現れる。奥池の住宅街が拡大し、ついにごろごろ岳の山頂まで達したのである。このあたりは立《たち》会峠《あいとうげ》と呼ばれるところで、道は四差路になっている。この後の進路については、北に向かえば鷲林寺《じゅうりんじ》方面、東は北山緑化植物園方面、西は奥池方面に続いている。奥池方面は住宅街の車道となっていて、バス便も1時間に1～2本ある。

　ごろごろ岳の山頂もすぐそばで、時間があるなら寄っていこう。山頂には、山名を記した石碑と三等三角点がある。標高は正確には565・34メートルだが、石碑では565・6メートルとある。昔はこの高さとされており、565の語呂合わせで「ごろごろ岳」とか雷岳《かみなり》とか呼ばれたそうである。さらに昔の地図では剣谷山という名で出ている。

剣岩の正面（南面）。高さは約 5m
17

ごろごろ岳の刻印石めぐり

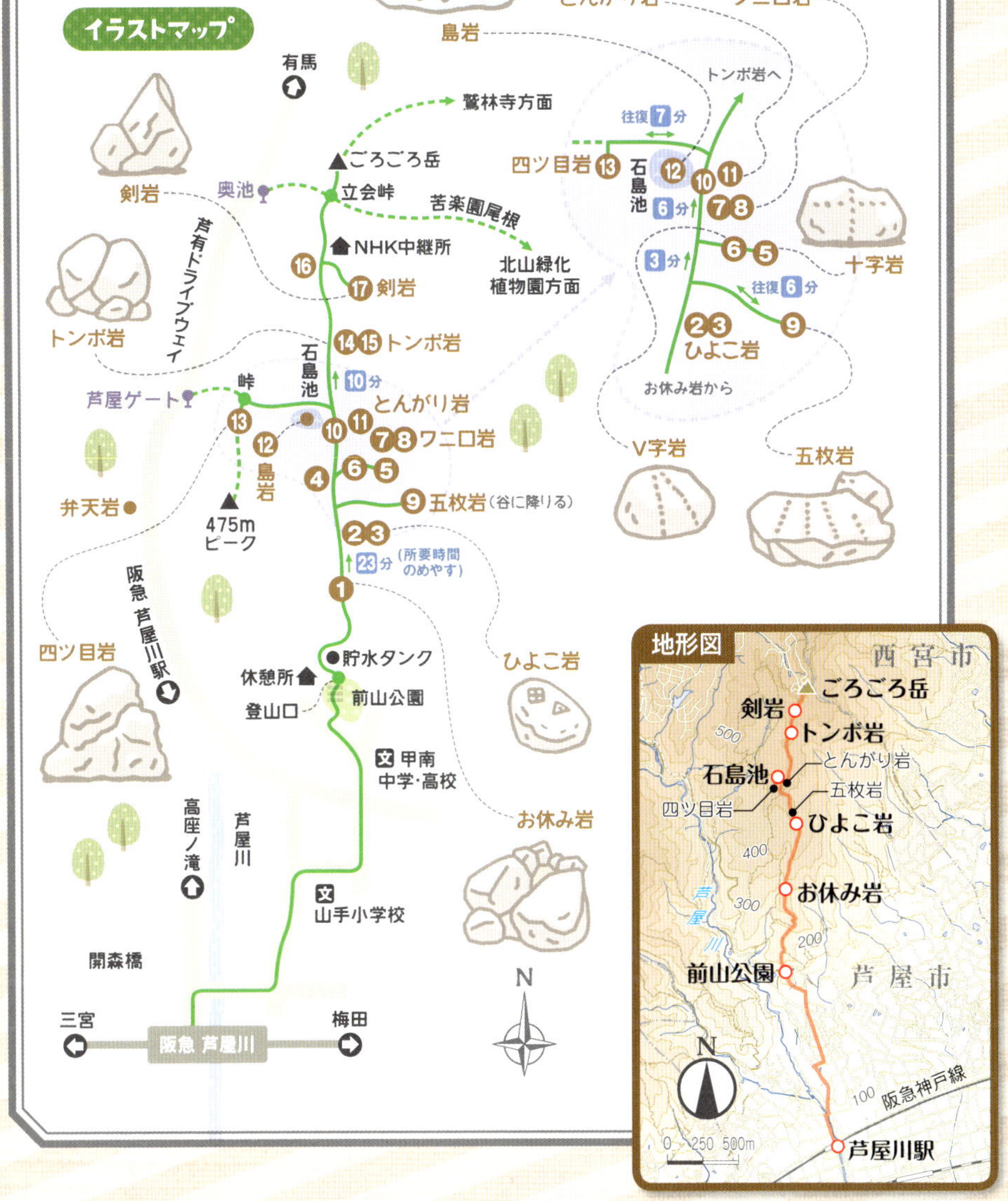

【アドバイス】
一般ルートの柿谷コースに近い道のりで、危険な場所は少ないが、目的の岩へ至るためのはっきりした道がないことが多いので迷いやすいかもしれない。安全に注意しながら薮などを避けて周辺を探索しよう。

【アクセス】
阪急神戸線・芦屋川駅から前山公園の登山口まで約25分。

Pick Up
エッセイ

2

徳《とく》川《がわ》大《おお》坂《さか》城《じょう》東《ひがし》六《ろっ》甲《こう》採石場の刻印石

大坂城再建のための石材を切り出した

　大阪城と言えば豊臣秀吉《とよとみひでよし》。しかし、現在の大阪城は徳川二代将軍秀忠《ひでただ》の再築によるものである。豊臣の[※1]大坂城が慶長20年（1615）の大坂夏の陣で焼失した後、徳川幕府は大坂城の再築に着手した。その狙いは、豊臣の権威の象徴である豊臣大坂城を完全に地上から抹消し、さらに西国の外様《とざま》大名に工事を分担させて財力を消耗させることにあった。

　徳川幕府による大坂城再築事業は、元和6年（1620）から寛永6年（1629）までの10年の歳月をかけた大事業であった。幕府の命を受けた各藩それぞれの石高《こくだか》に応じて工事を分担する天下普請《てんかぶしん》で、西国65家の大名が動員された。

　豊臣大坂城の石垣が自然石またはそれに近い石を用いて築く「野づら積み」であったのに対して、徳川再築大坂城は整形した石を用いる「切石積み」である。総数280万石とも400万石とも推定される石垣用の石材は、加茂《かも》・御影《みかげ》・小豆島《しょうどしま》・西国・北国・九州の採石場より切り出されたことが古文書に記されている。実際に、香川県小豆島や塩飽《しわく》諸島、岡山県牛窓《うしまど》町前島など瀬戸内海地域の島嶼《とうしょ》部、近くでは兵庫県の表六甲や大阪府生駒《いこま》山西麓《せいろく》などでは、矢穴《やあな》や刻印のみられる石材が多く見つかっており、徳川大坂城の石切丁場があったことが明らかとなっている。

　大坂城石垣の調査では、六甲花崗岩《かこうがん》（御影石《みかげいし》）の石材が最も多いと観察されていることから、石垣用石材は六甲山系から最も多く採石されたと考えられている。六甲山系の石切丁場は西宮市・芦屋市・神戸市東灘《ひがしなだ》区の山中・山麓部の東西約6・5㌔、南北約2・5㌔に分布しており、「徳川大坂城東六甲採石場」と呼ばれている。さらに、採石場の分布範囲における刻印石の分布密度から、「甲山《かぶとやま》刻印群」「北山刻印群」「越木岩《こしきいわ》刻印群」「岩ケ平《いわがひら》刻印群」「奥山刻印群」「城山刻印群」と呼ばれる6つの主たる刻印群が設定されている[※2]（図1）。

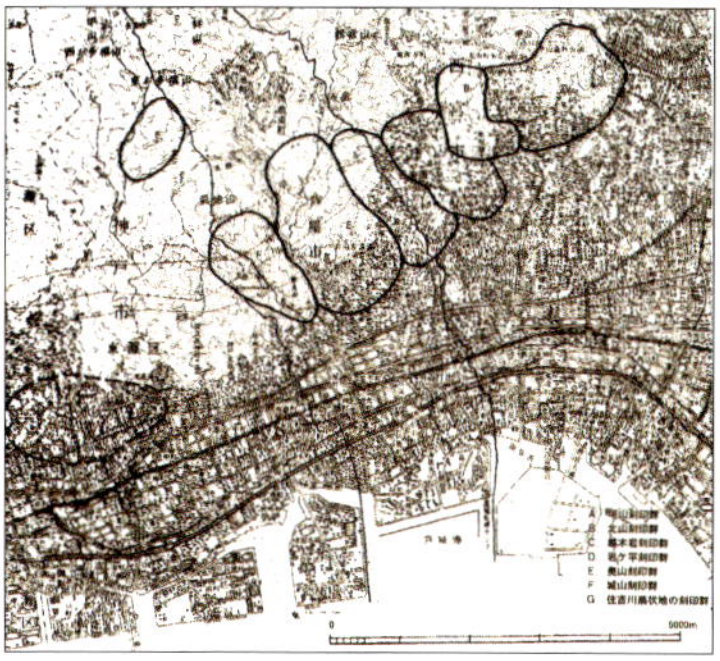

図1　徳川大坂城東六甲採石場のひろがりと刻印群の位置[※2]

ハイキングコース上にある奥山刻印群

本書では、山登りを楽しみながら刻印石を見学する視点から、ごろごろ岳の前山公園コース上にある奥山刻印群（図1下列左から2番目の範囲）について解説している（P.22ノーマルコース2参照）。

奥山刻印群はさらに13地区に分けることができ[※3]、ハイキングルートである前山公園コースはそのうち6地区を通過するので、その際に刻印石を観察できる（図2）。

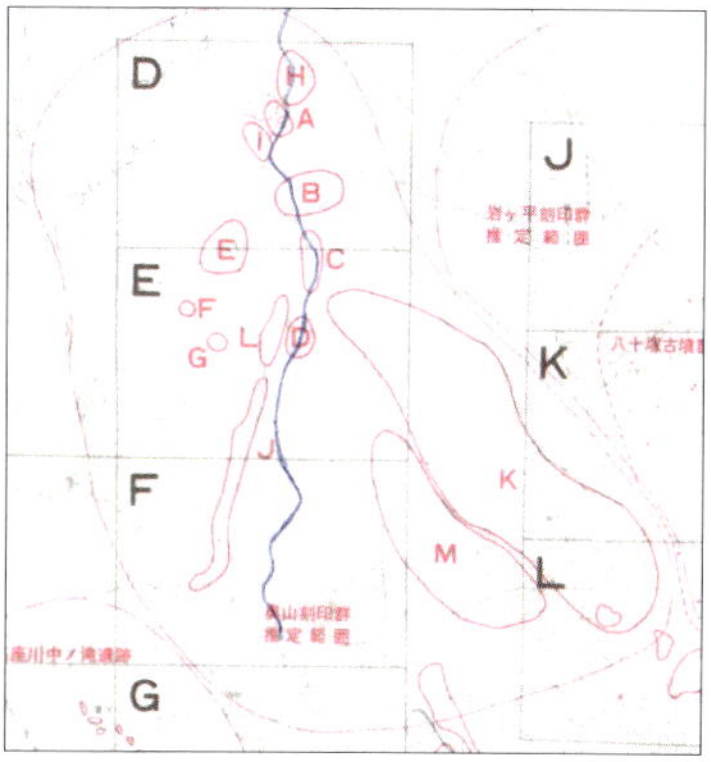

図2　「奥山刻印群」の分布（赤字）を示す部分図[※3]と前山公園コース（青線、著者が追加）

各地区にはそれぞれ10〜50以上の刻印石があるとされるが、現在はもう消えかかっているものも多い。ハイキングの際には注意深く探してみよう。

《注》

※1　現在は「大阪城」と表記するが、ここでは当時一般的であった「大坂城」の表記と使い分けている

※2　『芦屋文化財調査報告　第31集』芦屋教育委員会、2003年、P.12〜15

※3　『芦屋市文化財調査報告　第12集』芦屋市教育委員会、1980年、P.25、27、28

ノーマルコース
3

北山《きたやま》のボルダーめぐり
祭祀《さいし》の岩から怪獣岩までバラエティあふれる岩場

ルート概要

北山は駅近くの小高い丘にある公園だが見晴らしは抜群で、巨岩累々《るいるい》のボルダリングのメッカとして知られる。また古代の岩石祭祀の跡という人もいる。公園なので安全であるが、脇道に安易に入り込むと網の目のように道が入り組んでいるので注意が必要。時間があるなら、磐座《イワクラ》信仰で名高い越木岩《こしきいわ》神社への参拝がおすすめ（P.40 エッセイ3 参照）。

コースタイム

阪急甲陽園駅 →（10分）→ 銀水橋 →（10分）→ 将棋岩 → 火の用心岩 →（10分）→ 二面岩 →（10分）→ 北山貯水池（北山公園口）

銀水橋 ⇄ 越木岩神社境内（往復10分）

将棋岩〜火の用心岩間 ⇄ 北山散策（30分）

歩行時間	歩行距離	難易度	疲労感
約1時間20分	約2.5km	★☆☆	★☆☆

岩レベル

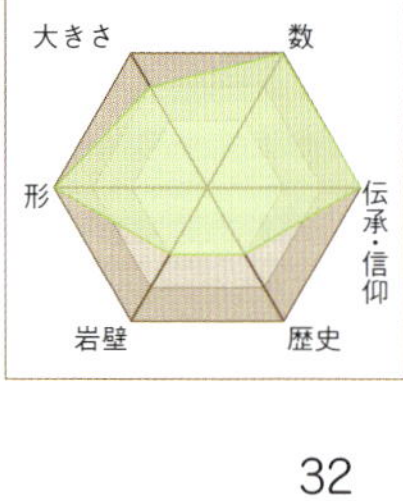

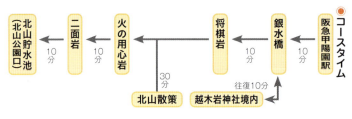

まずは北山公園を目指そう

　阪急甲陽園《こうようえん》駅の改札を出ると、車道を渡ったところに「菜香《サイコー》」という中華レストランがある。この店の左手の道を進み、階段を登ると車道に出る。車道を右手に少し進むと四差路があるので左折する。やがてバス道に出るので、その道を右手に登ってゆくと銀水橋《ぎんすいばし》という橋があり、その右側のたもとが北山公園の入口である。

将棋の駒に似た将棋岩（右）

　公園に入ると岩を模したような大きな堰堤《えんてい》があり、前に小さな橋「水《みず》分谷橋《わけだにはし》」がかかっている。その橋を渡り少し登ると柵の切れ目があるので、そこを左手に折れ、川沿いに進んでいく。川沿いの道が行き止まり状態になったところで、道は山方面に向かう。ちょっと急だが少し登れば見晴らしの良い場所に出るので、そこで一息入れよう。

　そこから道なりに進むと、最初に出迎えてくれるのは**将棋《しょうぎ》岩**1だ。

　なお、本章で紹介する岩の名は『日本100岩場④東海・関西』(北川真編)、『関西の岩場』(林照茂編)などに記載されている、1980年初頭から始められたボルダリングによってつけられたものである。

3つの池をとりまく4つの巨岩

　将棋岩を過ぎると、すぐに池(南池)が現れる。池は登山路に沿って南北に3つ並んでおり、ここでは説明しやすいように、手前から順に南池・中池・北池と呼ぼう。

　南池の中ほどに右側の尾根に登る分岐があり、3つの巨岩が並んでいる。

　その一番左にあるのが**初級スラブ**2である。頂部が大

初級スラブ。頂部が半分欠けているのが目印

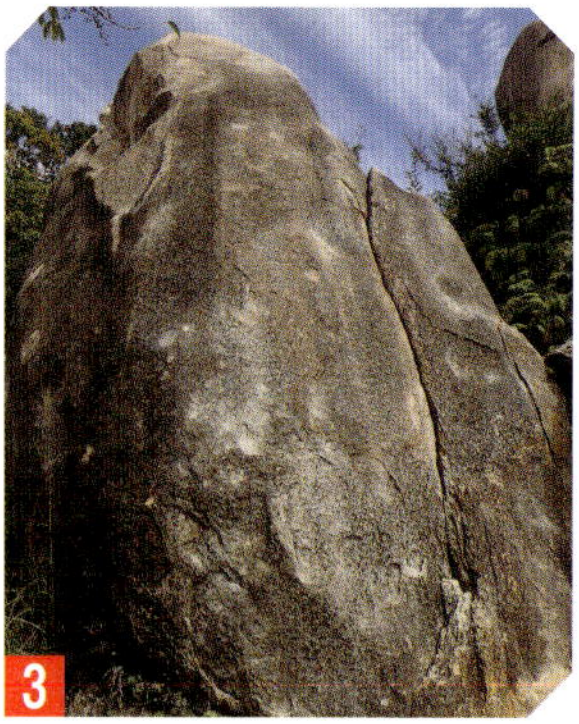

エレファントノーズ。細かな凹凸もゾウやマンモスの鼻を思わせる

きく欠けた巨岩で、「初級」はボルダリングのグレード、「スラブ」は手足を掛けるところが少ない表面が平らな一枚岩を指す。多くのボルダーが練習しているのだろう、手や足の摩擦の跡が岩の表面に白く残っている。

その隣に**エレファントノーズ**3と**コックロック**4が続く。エレファントノーズは、一見したところでは象の鼻のようには見えないが、写真中央やや右の裂け目のところで折り返している長い鼻を思い浮かべれば、それらしく見えてくるのではないだろうか。

一方コックロックは、その形状や呼称から、いわゆる陰陽石《いんようせき》の陽石にあたり、古代祭祀との関わりが想像される（P.40エッセイ3参照）。

3つの岩を後にすると、

奥の最も背が高いのがコックロック。「コック」とは英俗語で男根のことである

南池と中池の境目に、斜めに横たわった大きな岩がある。正面から見ると水滴のような形をしているので、私は**涙の岩***5と呼んでいる。

涙の岩。頂部がとがった丸い岩で、涙のような形をしている

北山随一の名奇岩が続く

さて、ここからさらに進むと、北池と中池の間に十字路がある。そこを右折すると北側に山へ登る道が伸びている。歩き始めあたりは水がしみ出してジュクジュクした道だ。登ってゆくと、山頂近くで道が二手に分かれているので、右手の細い方を進んでいく。なお、左手の道は北山貯水池に向かう本道である。

右手の道の先へ進むと、巨大なタコ坊主に似た岩6がそびえている。

北山の象徴、太陽石。赤っぽい頂部は巨大なタコの頭のよう

この岩は北山で最も有名な岩で、ボルダリングでは「ボルダータワー」、古代祭祀では「太陽石」、「人面岩」、「奥《おき》津《つ》磐座《いわくら》」など、さまざ

南に向かって爆走する機関車岩。さしずめ「特急あじあ号」といったところか

まな名称がある（P.40 エッセイ3 参照）。ここでは、グーグルマップに表示されている**太陽石**と呼んでおこう。

ちなみに、「太陽石」の名は、昭和50年代に大槻正温《おおつきまさやす》氏がとなえた巨石群で構成された古代北山・太陽観測施設説によるものである（大和岩雄著『神々の考古学』）。

オ・モロイヤロック。岩群のリズミカルな姿は、まさに天然のアート作品だ

太陽石の西隣には、南北に伸びた岩があり、列車のように見えるので私は*** 機関車岩** 7 と呼んでいる。

さらにその隣の本道脇にはユーモラスな岩塊《がんかい》がある。『関西の岩場』によると、これは**オ・モロイヤロック** 8 と呼ぶらしい。ネーミングは「おもろい岩《ロック》」、つまり「おもしろい形の岩」の意であろう。

岩の殿堂を見晴るかす

太陽石から北側に向かう小径《こみち》に少し分け入ると、岩に囲まれたテラスのようなところがある。正面には甲山、眼下には奇岩の数々を眺めることのできる、とっておきの場所 9 だ（P.39 イラストマップ展望台A 参照）。

ここから北山貯水池に向かう本道

岩の展望台Aより甲山を望む。甲山の前に小さく見える岩塊は展望台B

に引き返して進むと、すぐに**ピーク**10と呼ばれる岩が現れる。

　さらにそのままもう少し進むと、右手に道が分かれている場所があり、そこに**火の用心岩**11と呼ばれる巨岩がある。今は判読不能であるが、昔は、営林署（かつて国有林の管理・経営にあたっていた地方支分部局）が大書きした「火の用心」の文字が岩の側面にあった。

　火の用心岩の裏手（東側）から、細い道がシダの茂みの中を東に向かって伸びている。その道を進むと大きな岩があり、谷を挟んだその前方の尾根先端に岩が集まっているところがある（P.39 イラストマップ展望台B参照）。

　そこから振り返ると、北山の**岩の***殿堂《でんどう》*12ともいうべき神々しい姿を眺めることができる。

10 ピーク

11 火の用心岩。大書の文字はもう見つけることができない

北山の核心部、岩の殿堂。左側に直立した岩が太陽石、右側の岩々が集まっているところが岩の展望台A

12

2体で1つの怪獣岩

ここから引き返し、道なりに進むと**二面岩***13 14がある。途中、左側に向かう分岐がいくつかあるが、すべて北山緑化植物園に向かう道なので無視しよう。

二面岩はおもしろい。1つの岩塊でありながら、2つの怪獣《かいじゅう》の顔をもっている。一方はガメラ、もう一方はゴジラに見える。

上／二面岩の片面。左側を向くガメラの顔
下／二面岩の反対側は右側を向くゴジラの顔

2つの顔をもつ岩といえば、奈良県明日香《あすか》村の橘《たちばな》寺に二面石と呼ばれる飛鳥《あすか》時代の石造物がある。石の両側面に人の顔を彫ったもので、右善面、左悪面と呼ばれ、人の心の持ち方を表わしたものといわれている。この怪獣岩も正面から眺めれば、右ガメラ（善面）、左ゴジラ（悪面）と解釈できる（人間に味方する場合もあるが、ゴジラは一般的に人間の敵対者とされる）。

この岩を過ぎると、北山緑化植物園と北山貯水池のT分岐があるので、右手に進めば北山貯水池15に到着する。

北山貯水池は21万2千平方メートル（阪神甲子園球場5・5個分）の巨大な池で、西宮市の水道用水として利用されている。前方に甲山があり、周囲は公園のようになっていてトイレや休憩所がある。

北山貯水池からは神呪寺《かんのうじ》や甲山森林公園も近く、バスの便もある。元気な人は、鷲林寺《じゅうりんじ》から観音山に登り、ごろごろ岳を経て阪急芦屋川《あしやがわ》駅に下山することもできる。

広大な北山貯水池

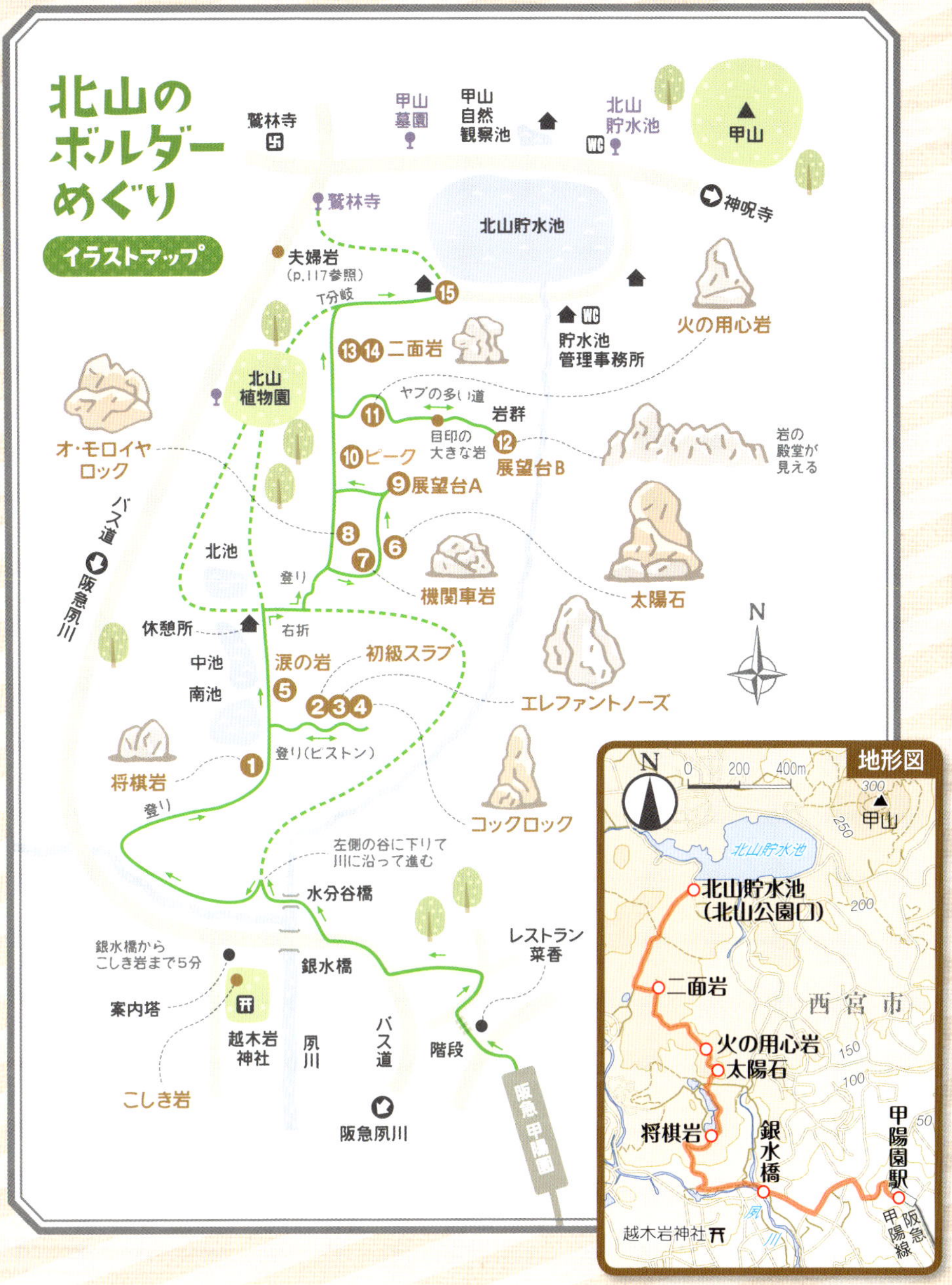

【アドバイス】

公園内でいろいろなタイプの奇岩をまとまって見られるエリア。難度も高くないので、甲山や越木岩神社など、近隣の登山・岩スポットと組み合わせて行くのがよい。

【アクセス】

阪急甲陽線・甲陽園駅から銀水橋まで約 10 分。

Pick Up
エッセイ

3 越木岩神社《こしきいわ》

神社境内の磐座《イワクラ》

岩石の中には信仰の対象となっているものがあり、その一部は磐座と呼ばれている。『古事記』『日本書紀』には「石位」「磐座」が天孫降臨の場面に登場し、いずれも「いわくら」と読まれている。[※1] 石位の「位」は「位《くらい》す」の意で、「座す」と同義とみてよかろう。原初の神は動く存在であったので、神を招くための座が必要となったわけである。磐座信仰の最たるものは奈良県三輪《みわ》山の大神《おおみわ》神社であるが、西宮市にもその事例がある。それが越木岩神社の甑岩《こしきいわ》である。

この岩へは、阪急甲陽園《こうようえん》駅から銀水橋を渡り、さらに車道を登ってゆくと左手に神社の案内塔があるので、それに従って左折し道を下れば越木岩神社の西門にたどり着く（P.39 ノーマルコース3 イラストマップ参照）。甑岩は、西門のすぐそばにそびえている（**図1**）。

図1　甑岩（辺津磐座）、高さ約10ｍの陰石

このあたりは、かつての徳川大坂城東六甲採石場エリアであり、もともと北山と合わせて巨岩の密集地帯であった（P.31 エッセイ2、**図1**参照）。

甑岩は越木岩神社の御神体で、その大きさは高さ約10メートル、周囲約40メートルである。酒米を蒸す時に使う甑という道具に似ていることから「甑岩」と名づけられている。また、岩の形状からいわゆる陰石とされ、女性を守る神として子授かり・安産のご利益があるとされている。

甑岩の背後、少し離れたところにも2ヶ所の磐座がある。それらは三輪山と同じように、辺津《へつ》磐座（甑岩）とあわせて中津《なかつ》磐座（**図2**）、奥津《おきつ》磐座（**図3**）と呼ばれている。

越木岩神社境内にある甑岩（辺津磐座）から奥津磐座までは約60メートルの距離がある。しかし、甑岩と中津磐座は自然のものと思われるが、この磐座は小ぶりで人為的に並べられた印象を受ける。※2 3つの巨岩は太古よりこの形であったのだろうか。

図2　中津磐座。高さ約 2.5m

図3　奥津磐座。高さ約 1.6 m

北山の磐座

そこで、北山全体に目を移すと、甑岩と同じ陰陽石や磐座と呼ばれる岩があることに気づく。呼称や形状から陽石と思われるコックロック（**図4**、P.34写真**4**も参照）と、北山の象徴的な存在である太陽石

図4　コックロック（北側から撮影）。いわゆるリンガ信仰の陽石と思われる

図5　太陽石（西側から撮影）。南に向いて「阿（あ）」の音を発している横顔ように見えることから人面岩とも呼ばれている

図6　北山の甑岩・コックロック・太陽石の配置（写真は国土地理院ウェブサイトより取得）

（**図5**、P.35写真**6**も参照）である。これらを地図にあてはめると、**図6**のようになる。

三輪山の磐座信仰と大国主西《おおくにぬしにし》神社のナゾ

ここで、コックロックを中津磐座、太陽石を奥津磐座とすると、同じく三輪山の山麓、中腹、山頂にそれぞれ辺津・中津・奥津磐座のある大神神社と非常によく似た岩の配置になる。ただし、北山の辺津磐座―奥津磐座の距離が約720メートルである一方、三輪山はそのほぼ倍である。

また、三輪山の山頂には日向《ひむかい》神社と呼ばれていた高宮《こうのみや》があり、かつての日神祭祀《ひのかみさいし》の祭場とされている。※3 北山の山頂にある太陽石もこれと類似の太陽信仰に関わる岩と思われる。

さらに北山と三輪山の関連性を示唆するものとして、大国主西神社の問題がある。延長5年（927）にまとめられた当時の神社一覧である『延喜式神名《えんぎしきじんみょう》帳《ちょう》』には、摂津国《せっつのくに》菟原《うばら》郡の河内国魂《くにたま》神社、大国主西神社、保久良《ほくら》神社の三社が記載されている。このうち河内国魂神社と保久良神社は現存しているが、大国主西神社は今やわからなくなっている。「大国主」が三輪山の祭神である大物主の別名であること、北山が三輪山の西にあること、そして同じような磐座信仰が存在することを考え合わせると、実は越木岩神社こそが、大国主西神社であった可能性も考えられる。※4

これまでは、大国主西神社として、西宮市社家町の西宮神社境内末社であるという説が有力視されていた。しかし、『延喜式神名帳』によれば大国主西神社は摂津国菟原郡にあるはずが、西宮神社は武庫郡にあるのが議論の種だった。これは越木岩神社も同じで、寛政8年（1796）に刊行された『摂津名所図会』によれば所在地は武庫郡となっている。しかし、『西宮市史』[※5]の述べるように、条里制に従って武庫郡と菟原郡の郡界を夙川《しゅくがわ》とするならば、越木岩神社は夙川の西岸にあり、西宮神社は夙川の東岸にあるため、越木岩神社が延喜年代に菟原郡にあった可能性は西宮神社よりも高いといえる。

これを裏付けるように、近年、越木岩神社が明治6年6月の兵庫県の辞令を発見した（**図7**）。

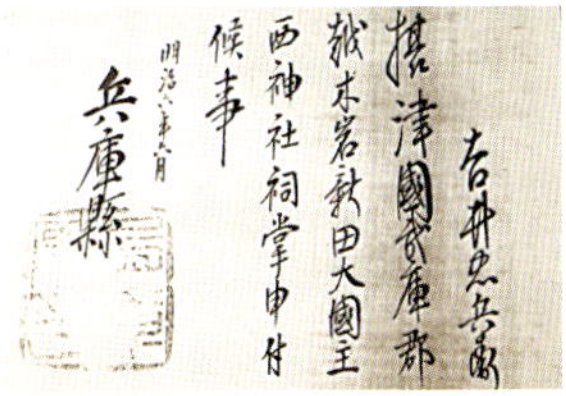
吉井忠兵衛
摂津國武庫郡
越木岩秋田大國主
西神社祠掌申付
候事
明治六年六月
兵庫縣

図7　明治6年6月付の兵庫県の辞令

これによれば、越木岩神社南隣にある西平町の当時の戸長（吉井忠兵衛）に越木岩神社の大国主西神社の守を申しつけるとある。このことからも、越木岩神社の前身（岩神社）が大国主西神社である可能性は高い。

なお、越木岩神社境内の辺津磐座・中津磐座・奥津磐座は、真言宗の寺の境内にしばしば「写し」と呼ばれる四国八十八ヶ所のミニ霊場が設けられているように、北山全体の磐座を縮図的に配置したものと推定される。[※6] 境内中の奥津磐座の祭神が、太陽神・天照大御神の幼名とも言われる稚日女《わかひるめ》であることも、太陽石や三輪山の日向神社との対応を感じさせる。一方で、境内の中に恐らく人為的に太陽神をまつる磐座が作られたことで、北山のコックロックや太陽石は磐座信仰から切り離されたのではないだろうか。

《注》

※1　新編日本古典文学全集『古事記』小学館、1997年、『日本書紀』、同、1994年
※2　江頭務「北山と甑岩〈延喜式大国主西神社〉」『イワクラ学会会報34号』、2015年
※3　大和岩雄『神社と古代王権祭祀』白水社、1989年
※4　江頭務前掲論文、2015年
※5　『西宮市史　第1巻』西宮市、1959年
※6　江頭務前掲論文、2015年

ノーマルコース

4

蓬莱峡《ほうらい》の岩峰《いわみね》めぐり

ちょっとした異国情緒を感じられる

ルート概要 豊臣秀吉が道標としたという「しるべ岩」を起点に、岩登りの練習場となっている蓬莱峡の屏風《びょうぶ》岩と座頭谷《ざとうだに》の岩峰《いわみね》を眺めるコース。座頭谷では日本有数のバッドランドの奇怪な光景を味わうことができる。なお、かつては「蓬莱峡」は座頭谷を含めた地域をさしていたが、現在では蓬莱峡は屏風岩付近に限定して使われているようなので、本書もこれに従った。

●コースタイム

阪急バス停「知るべ岩」・しるべ岩 →10分→ 蓬莱峡広場・屏風岩 →10分→ 蓬莱峡橋 →25分→ 座頭谷4段堰堤 →40分→ バッドランド終点

歩行時間	歩行距離	難易度	疲労感
約1時間25分	約5.0km	★★☆	★★★

岩レベル

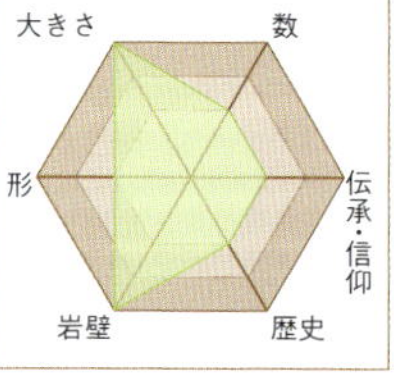

逸話の残るしるべ岩へ

阪急宝塚駅から蓬莱峡方面行きの阪急バスに乗り、「知るべ岩」という停留所で降りる。バスの行く方向に数歩歩いた川沿いに写真1のようなフェンスの途切れた箇所がある。道標はないが、斜面に張られたトラロープが目印になる。

ここから急な斜面を降りると、

1
しるべ岩への降り口

木々に包まれて鎮座《ちんざ》している石碑の載った岩が**しるべ岩**2である。太《たい》閤《こう》秀吉が有馬温泉へ湯治に出かけたさい、かつて座頭（盲人）が左の道を進んで遭難したという伝説を聞き、この岩に「右ありま道」3と揮毫《きごう》したという（『有馬郡誌』）。そのため正式には「太閤の道しるべ岩」といわれる。それ以前には、有馬温泉へ向かう道をふさいでいたので弘法大《こうぼうだい》師《し》が投げ上げて除いたことから抛岩《なげいわ》と呼ばれていたようだ（『摂津名所図会』『有馬郡誌』）。

2
石碑が立つしるべ岩

3
わかりにくいが、「右ありま道」の文字が彫り込まれている

蓬莱峡のゲートロック

斜面を登って道路上に引き返し、バスの進行方向に5分ほど歩くと、ヘヤピンカーブの屈曲点に写真4のような作業場がある。ここを通らせてもらい川沿いに進むと、写真5のような分岐がある。

4 ヘヤピンカーブのところにある作業場

5 蓬莱峡に向かう分岐点。左に川原に降りる道がある

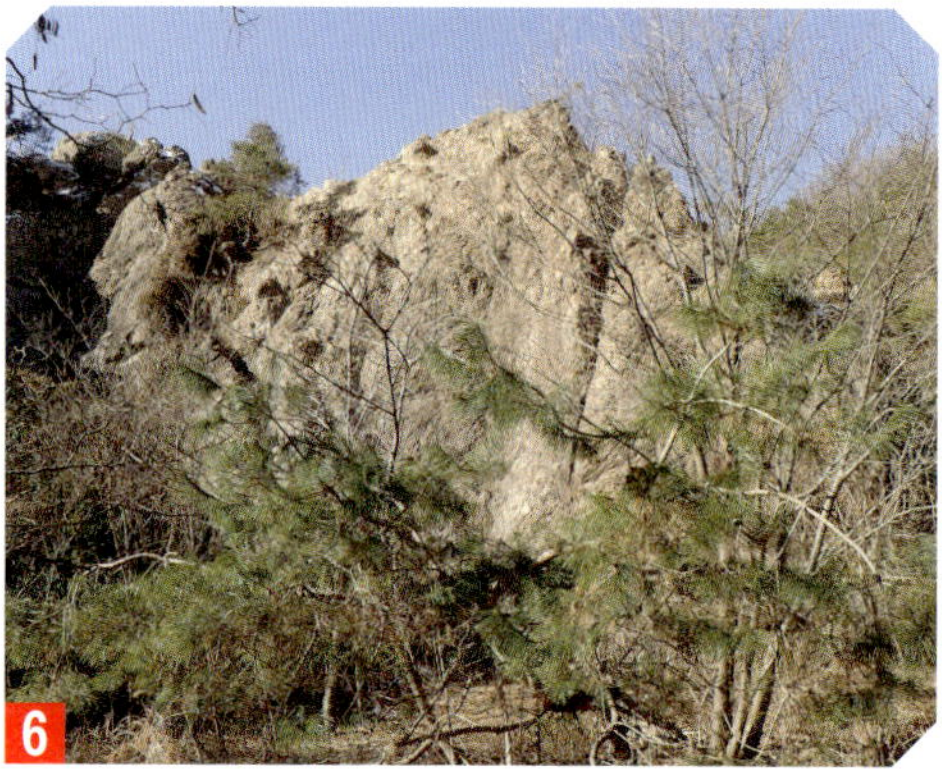

6 蓬莱峡のゲートロック。頂部から縦に走るクラックが印象的

この左から川原に降りて川を渡り、右手を見ると、クライミングの練習に使えそうな岩が蓬莱峡の門番のようにそびえている。私はこれを芦屋ロックガーデンにちなんで* **蓬莱峡のゲートロック**6と呼んでいる。また、その対岸には滑滝《なめたき》があり、水が光り輝く薄布のように滑り落ちている。

蓬莱峡のバッドランド

ゲートロックを右に大きく巻くように進むと、すぐに蓬莱峡広場7と呼ばれているところに到着する。

蓬莱峡という名は、その姿が韓国の蓬莱山（金剛山の別名）に似ていることから近代に名付けられたもので、それまでは大剣《おおつるぎ》や小剣《こつるぎ》と呼ばれていた。白く露出した岩壁が深く削られ、大小の針状の岩峰が林立する荒涼とした谷である。このように草木をよせつけない地肌がむき出しになった地形を**バッドランド**（**悪地**）と呼ぶ。六甲断層の一部である有馬－高槻《たかつき》構造線にできた崩壊地形である。

クライミングの名所である屏風《びょうぶ》岩は、広場の北西すぐ近くを流れる川のほとりにある。左岸が**大屏風岩**8、右岸が**小屏風岩**9がある。

7

うっすらと雪をかぶった蓬莱峡広場の前にある岩山。断層活動にともなう圧砕作用で粘土化した花崗岩層に雨がＶ字型の溝を無数に形成し、岩峰を作り出した

大屏風岩。高さ 40m、幅 100m の六甲山を代表する有名な岩場である

8

座頭谷のバッドランドへ

　2つの屏風岩を見終わった後は、座頭谷に向かう。ここから樹林帯を抜けて座頭谷を流れる川岸に行くことも可能であるが、道がわかりにくいので、ここではしるべ岩まで引き返そう。しるべ岩の手前に、俗に「万里の長城」10と呼ばれている趣のある橋がある。座頭谷へはこの蓬萊峡橋を渡っていく。

　座頭谷の右岸にはしっかりした山道があるので、本流の川沿いに進む。途中、川原に降りる道があるが、堰《えん》堤《てい》が多くて時間がかかるので、休憩に使う程度にしておこう。蓬萊峡橋から山道を半時間ほど進むと、4段構えの堰堤11が見えてくる。この

9
黒っぽい色をした小屏風岩。高さ 20m、幅 50m

10
万里の長城と呼ばれる蓬萊峡橋。座頭谷の右岸に渡る

11
バッドランドの入口にある４重の堰堤

12
４段の堰堤を登り切ったところから眺めた座頭谷上流

最後の高い堰堤を登り切ったところから、座頭谷バッドランドの核心部12が展開する。

また左岸上方には、巨大な礫層《れきそう》13がむき出しの姿を見せている。東西に細長く横たわる六甲山地は、断層活動によって隆起した山脈である。断層は六甲山地を南北から挟み、

13 六甲花崗岩の上に重なる段丘礫層(上ヶ原面)

座頭谷本流の右岸支流にある滑滝

14

まさに剣の山

岩塔（トア）が天高くそびえている

地震のたびにずれ動いて六甲山地を押し上げてきた。この段丘層の上面は「上ケ原」と呼ばれる平坦面になっていて、礫層はかつての海底に溜まった礫であったと推定されている。

　私の知る限りでは、座頭谷のバッドランドには古文献に登場するような名がある岩はない。ここでは、静かに大地の息吹きに耳を傾けよう 14 15 16。

　バッドランドの終点は、ハニー農場への登り口がある樹林帯 17 である。ここからハニー農場の前を通る車道まで約20分である。

　本コースは、他のコースとは接続しにくいので、再び「知るべ岩」のバス停まで引き返そう。約1時間の道のりである。

バッドランドの終点、ハニー農場への登り口

蓬莱峡の岩峰めぐり

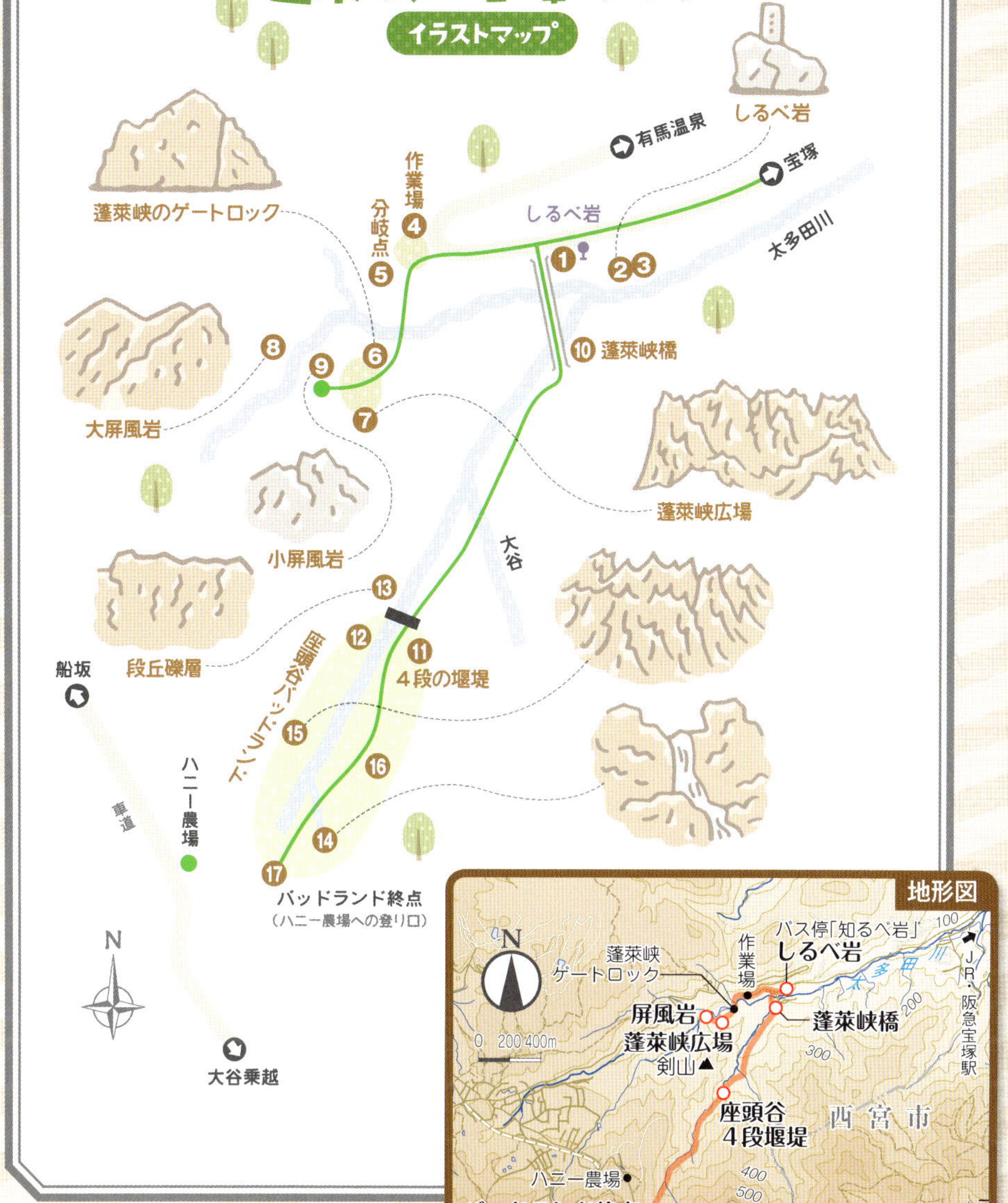

【アドバイス】
帰りのバスは16時台の運行がないことに注意（2018年2月現在）。

【アクセス】
阪急またはJR福知山線宝塚駅下車。阪急宝塚駅の東側にあるバス乗り場2番から阪急バス「蓬莱峡経由有馬温泉」行きで12分、「知るべ岩」下車。

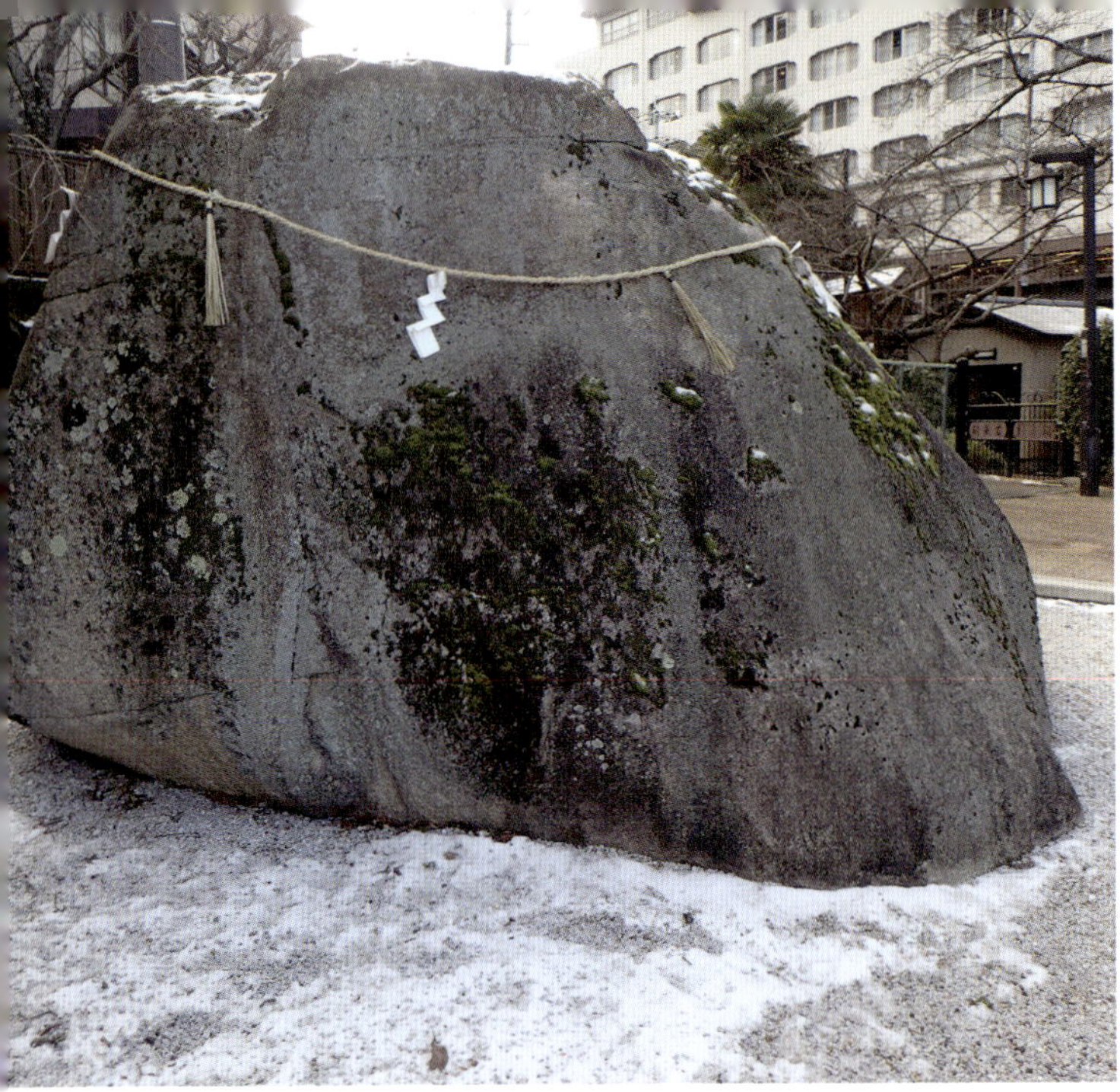

ノーマルコース

5

有馬《ありま》——六甲《ろっこう》のんびり霊石めぐり

ロープウェーでらくらく観光

ルート概要 有馬《ありま》温泉の仏座巌《ぶつざいわ》・袂石《たもといし》などの伝承の岩を見てから、愛宕《あたご》山の天狗《てんぐ》岩を探訪。その後、ロープウェーを使って六甲山頂まで登り、法道仙人《ほうどうせんにん》ゆかりの霊石として知られた雲ヶ岩を訪ねる。この周辺は心経岩《しんぎょういわ》や六甲比《ひ》命大善《めだいぜん》神社などがあり、昼でも薄暗いスピリチュアル空間である。山登りと言う程のことはないので、観光をかねてめぐることができるが、歩きやすい靴は必須。

コースタイム

神戸電鉄有馬温泉駅 →（20分）→ 温泉寺 →（10分）→ 愛宕山の天狗岩 →（15分）→ ロープウェー有馬温泉駅 →（12分）→ ロープウェー六甲山頂駅 →（12分）→ ロープウェー有馬温泉駅 →（30分）→ 神戸電鉄有馬温泉駅

ロープウェー六甲山頂駅 ⇄ 心経岩・雲ヶ岩（往復30分）

歩行時間	歩行距離	難易度	疲労感
約2時間10分	約4.5km	★☆☆	★★☆

岩レベル

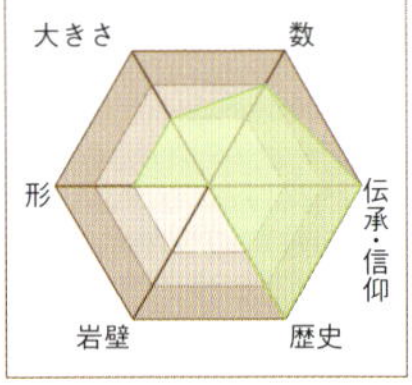

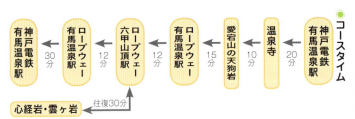

隠れた巨石・仏座巌

神戸電鉄有馬温泉駅を出て、右側に折れると交差点がある。そこから見渡すと、橋（太閤橋《たいこうばし》）を渡ったところに櫓《やぐら》1が立っている。その前にあるのが、**仏座巌**2である。岩は地中に埋もれ、上面だけが露出しているので、案内板がなければこれを巨岩の上部とは思うまい。

ちなみに、仏座巌は17世紀の文人・元政上人《げんせいしょうにん》が命名したという。彼の有馬滞在記には、この岩の上に菜畠を作ってもまだ数十人を載せる余地があると書かれているので、露出しているのは岩全体の百分の一程度にすぎないかも知れない。

太閤橋のたもとにある源泉櫓と仏座巌

仏座巌。表面だけ少し露出している

女神の袂《たもと》から出た石

仏座巌のすぐ隣にある、しめ縄の掛かった岩が**袂石**（**礫石**《つぶていし》）3である。高さ約5メートル、周囲約19メートル、重さ約130トンの巨石で、天保七年（1836）の「摂津国名所大絵図」にもその名が見える。近くにある道場城の城主が山中で出会った女を怪しんで矢を射かけたところ、女は実は女神で、護身のため着物の袖に入れていた小石を礫《つぶて》のように投げた（あるいは捨てた）ものがこの巨石になったという伝承がある。また、岩は古代の巨岩信仰の遺跡ではないかとも言われている。

しめ縄が掛けられた袂石

藤堂高虎《とうどうたかとら》ゆかりの滝

袂石から太閤橋を渡り返して直進し、「ゆけむり坂」と呼ばれる坂を少し登ると、すぐに亀乃尾《かめのお》不動尊の標柱がある。標柱横の階段を上ったところに**亀乃尾瀧《たき》** 4 がある。滝の名は、水の流れ落ちる様が亀の尻尾のように細いことからつけられたものであろう。宝永七年（1710）の「有馬山絵図」にも記載されている古い地名にもなっている。訪れた日は、滝が細く凍りつき、「亀の尾の山の岩根の松風に氷れとたへぬ瀧の音かな」と詠んだ頓阿法師《とんあほうし》の歌の情景のそのものであった。滝の岩には、戦国武将・藤堂高虎が入湯に来た際刻ませたという「暁桜《あかつきざくら》」 5 の文字がある。

4
亀乃尾瀧。滴り落ちる水がツララとなっている

6
亀乃尾瀧の下にある岩穴からは温泉が湧き出している

5
少し見にくいが、右から左に「暁櫻」と彫ってある

愛宕《あたご》山の天狗《てんぐ》岩

次は、温泉寺《おんせんじ》（温泉禅寺）から湯《とう》泉《せん》神社を経て愛宕山の山頂にある天狗岩を目指す。

太閤橋からバス道を有馬川の上流に向かって5分程で進むと、阪急バスの有馬案内所がある。そのまま道なりに進めば温泉寺にたどり着くが、ここでは少し遠回りして温泉情緒を味わいながら歩いてみよう。案内所のところで左折すると、小店が両側に立ち並んだ細い道がある。しばら

7
無料の足湯。足湯のところを右折

く歩くと足湯7があるので、足湯を過ぎたところで右折する。途中、塩分濃度日本一の御所泉源《ごしょせんげん》8があるので覗いてゆこう。

ここを過ぎると、細い階段道が二手に分かれていて、左の階段を上ると温泉寺の参道に出る。温泉寺9は有馬温泉を訪れた僧行基《ぎょうき》が神亀元年（724）に建立したとされる。本尊の薬師如来は明るい本堂に安置されているために黄金色に光輝いていて、一見の価値がある。

8
御所泉源。金泉（赤湯）温度97℃　塩分と鉄分を多く含む

本堂の右手にある石造りの大きな鳥居から湯泉《とうせん》神社への参道が伸びている。湯泉神社は『延喜式《えんぎしき》神名帳』の摂津国有馬郡に、湯泉《ゆの》神社と記載されている古社である。本殿の右手に胸形《むなかた》神社があり、この社《やしろ》の脇が天狗岩へ登る道に通じている。

なお、神社の前の道を真っ直ぐ進んだ先、突き当たりの右側にある広場には、太閤《たいこう》遺愛の石造りの**亀の手水鉢《ちょうずばち》**10が案内板とともに置かれている。

9
温泉禅寺の本尊、薬師如来

ふり返ってそのまま山道を数分直進すると、途中で山頂に登る道と水平に続く道の二手に分かれている。天狗岩へは山頂に向かう道を選ぼう。ちなみに水平に向かう道は、「簡保《かんぽ》の宿　有馬」を経てロープウェーの有馬温泉駅に至る道である。山頂への道をひと登りすると休憩所があり、**天狗岩**11は左手の隅にひっそりとある。もう一段上にある山頂にはか

10
亀の手水鉢。雪で見にくいが、甲羅部分が凹んで鉢状になった亀形の岩

つて愛宕神社があり、そこからは有馬町内はもちろん有馬富士や、運が良ければ京都の愛宕山まで見えるという。

愛宕大神の碑が立つ天狗岩

ロープウェーで六甲山へ

さて、天狗岩からは六甲山の山上を目指す。先ほどの分岐点まで戻り、水平の道を進むと「箇保の宿」の建物の裏手が下方に見えてくる。すると、下山の道が出てくるので、そこを通って宿の表通りの車道に合流する。車道を右手に進めば、広い駐車場の上にあるロープウェーの有馬温泉駅に到着する。ロープウェー12の乗車時間は山頂駅まで12分。なお、山登りがしたければ、ここから約2時間で山頂駅まで行くことができる。

ロープウェーのゴンドラから有馬市街を望む

山頂駅からは、六甲山カンツリーハウスを回り込む形で六甲山スノーパークを目指す。スノーパークの駐車場を左手に見て一段細い車道を、やがて山道に切り替わってもそのまま進んでいくと、左手に写真13のような案内表示がある。山頂駅からここまで約15分である。ここを登っていくと、3つの巨岩と神社が並んでいる。

雲ヶ岩への案内表示。「六甲ケーブルのりば」は、ロープウェーの山頂駅と異なるので勘違いしないように

六甲比命《ひめ》大善《だいぜん》神社周辺の岩

最初の岩は**心経岩**14である。昔、インドから渡ってきた法道仙人が般《はん》若心経《にゃしんぎょう》を彫《ほ》った岩があったと伝えられるが、その岩は失われてしまって、今はよくわからない。現在の心経岩は、大正5年（1916）に14名の発起人によって奉納されたもので、幅6・5m、高さ5・5メートルの巨岩に般若心経が刻まれている。

心経岩。左端に多聞寺十三世宥仁の名がある

心経岩を少し登ると、六甲比命大善神社15がある。本尊は弁財天16で、六甲姫（比女《ひめ》）とも呼ばれている。心経岩が再建されたのと同じ年に小さな祠《ほこら》が設けられ、改築を経て現在の社殿となった。その社殿の奥にあたるところにも、見上げるような巨岩17がある。これはこの神社の磐《イワ》座《クラ》とも言われている。

六甲比命大善神社の社殿

岩窟に祀られている弁財天。社殿の右横から回り込んで参拝することができる

さらに神社の上には**雲ヶ岩**18がある。前述した法道仙人がこの地で修行中、紫の雲に乗った毘沙門天《びしゃもんてん》がこの岩の上に現れたことから紫雲賀《しうんが》

六甲比命大善大神の磐座とも呼ばれる巨岩

18
法道仙人ゆかりの雲ヶ岩。岩は中央で真っ二つに割れている

岩、略して雲ヶ岩となったようだ。

雲ヶ岩の上、山の頂上にあたるところには、**仰臥岩**《ぎょうがいわ》19と呼ばれる石組みがある。その奥にあるのが熊野権現の磐座である。

熊野権現の石碑20には、仏《ぶつ》（佛）眼上人《げんしょうにん》と花《か》（華）山法皇《ざんほうおう》の名が刻ま

20
熊野権現の石碑。その左右には佛眼上人・華山法皇の名が刻まれている

19
仰臥岩。熊野権現の手前にある石組み

れている。退位後、熊野で修行していた花山法皇が熊野権現のお告げを受けて、仏眼上人とともに西国三十三ヶ所再興の旅に出たという伝承に基づくものであろう。石碑の左の祠は八大龍王をまつっている。八大龍王は鷲林寺《じゅうりんじ》境内にある役小角《えんのおづぬ》が修行したと伝わる洞窟にもまつられていることから、六甲修験《しゅげん》との関わりが察せられる。

帰りは観光や山歩きを楽しんで

仰臥岩を後にして進むと、両側に別荘が立ち並んだ細い車道に出る。そこを左に折れて道なりに進めば広いバス道に合流し、左手に六甲山カンツリーハウスの西入口が見える。そこに、大きな案内板が立っているのでマップを確認しよう。

ここから、元来た道を引き返してロープウェーの山頂駅に戻るもよし、時間があるなら、様々な施設があるので観光を楽しむこともできる。また元気のある人は、ガーデンテラスから石切道を通り阪急御影《みかげ》駅まで約2時間半程で下山することも可能。

有馬－六甲のんびり霊石めぐり

イラストマップ

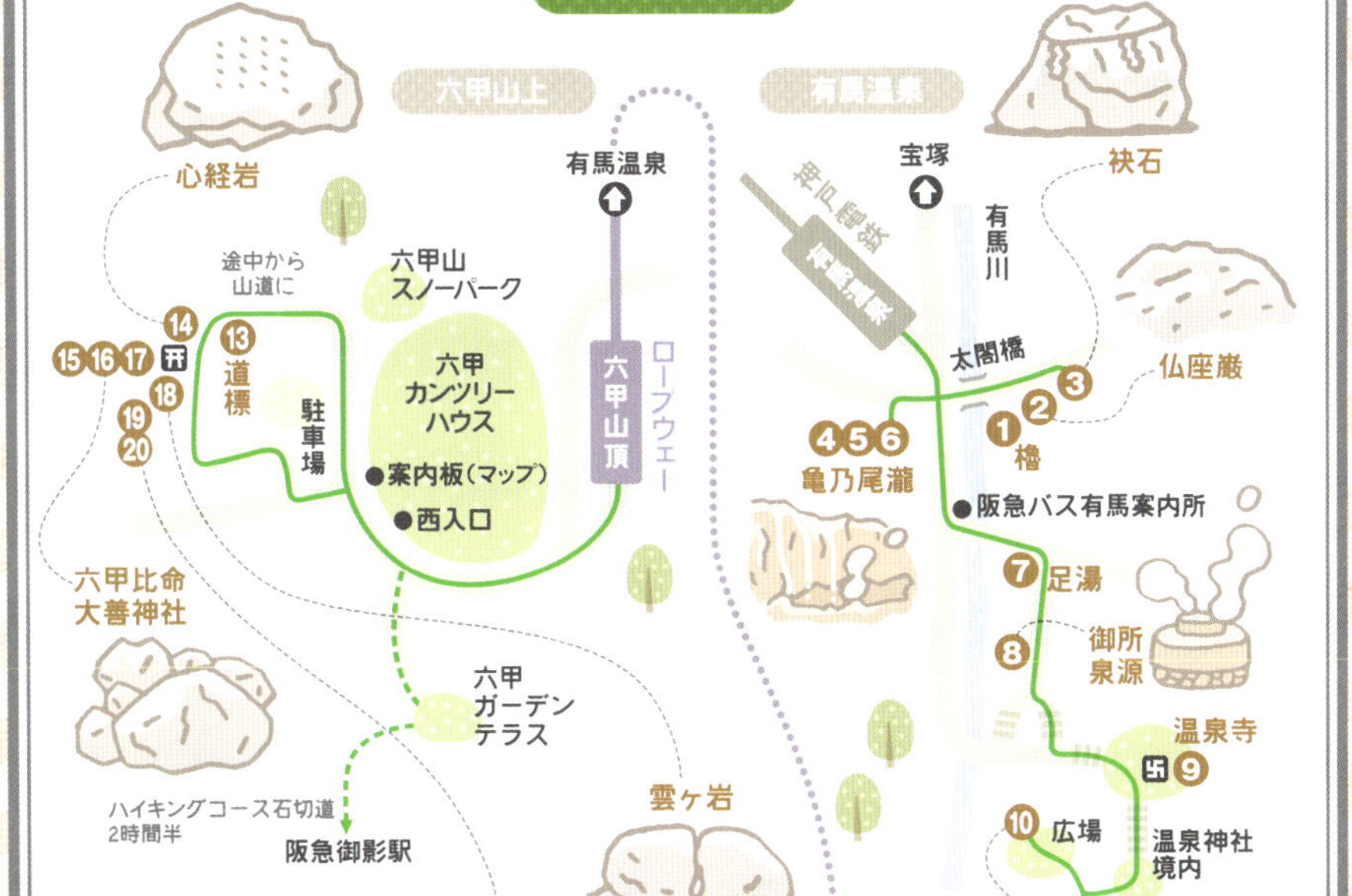

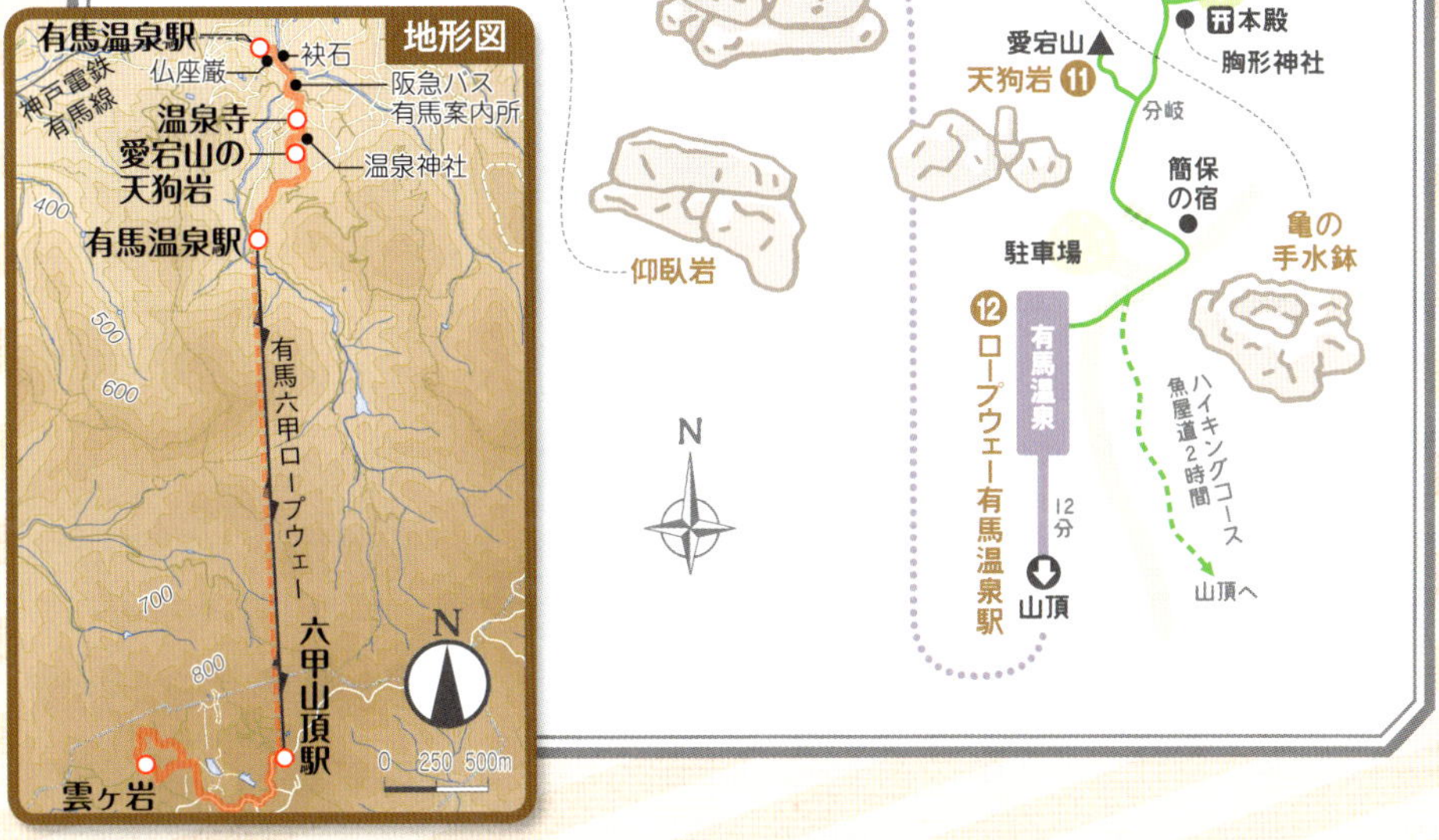

【アドバイス】
六甲有馬ロープウェーの営業時間に注意。料金は片道 1010 円、往復 1820 円である（2018 年 2 月現在）。

【アクセス】
神戸電鉄有馬温泉駅までは電車のほか、三宮･宝塚･芦屋･三田･西宮･大阪･京都といった主要な街からのバスも運行している。有馬温泉観光協会などで確認しよう。

ノーマルコース
6

甲山《かぶとやま》周遊と霊場めぐり

四国まで行かなくてもOK!

ルート概要

阪急仁川《にがわ》駅から甲山森林公園、甲山八十八ヶ所（四国八十八ヶ所の写し）をめぐる初級者向けコース。疲れたら甲山は省略することもできる。周りにはバス路線が走っており、万が一のトラブルに対しても対応がしやすく、あまり健脚でない人にもすすめられる。都会の喧騒《けんそう》から離れて歴史や信仰についてじっくりと味わうことができるコースでもある。

コースタイム

阪急仁川駅 → 35分 → 甲山森林公園東口 → 5分 → 東六甲採石場跡 → 30分 → 甲山森林公園南口 → 5分 → 九想の滝 → 甲山八十八ヶ所（約60分） → 神呪寺 → 15分 → 甲山 → 15分 → 北山貯水池前

歩行時間	歩行距離	難易度	疲労感
約2時間45分	約5.5km	★☆☆	★★★

岩レベル

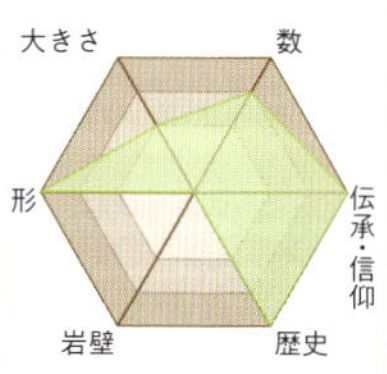

徳川大坂城東六甲採石場跡に残された10m近くはありそうな巨大なギザギザ岩

森林公園の採石場跡へ

阪急仁川駅を山側に降りると、左手に仁川が流れている。その左岸の車道を突き当たりまで進み、百合野《ゆりの》橋を渡る。地すべり資料館を経由して、上ケ原浄水場の北側をすこし登ったところが甲山森林公園の東口である。駅からここまで約35分（P.106仁川渓谷イラストマップも参照）。

東口を入ると、すぐ左手にある橋のたもとに「徳川大阪城東六甲採石場」の説明板が立っている。その橋を渡り、軽登山道と表示された道を進む。まもなく標柱があり、それに従って谷に下りると巨大な**ギザギザ岩**1がある。

大石が甲山に向かって並ぶ東ピーク

ここ仏性《ぶっしょう》ヶ原《はら》は神呪寺《かんのうじ》がもとあったところとされ、双耳峰《そうじほう》のような標高約140メートルの2つのピークが東西に並んでいる。これを仮に東ピーク、西ピークとし、採石場跡からいったん分岐点まで戻って、東ピークへ向かおう。東ピークは多数の大石がある広場2で、眺めも良いのでここで一息いれよう。

採石場跡から西ピークへ

東ピークを下ると道標があるので、「管理事務所」を指し示す道を進んでいく。すると左手の傍らに、穴が

4 仏性ヶ原の西ピーク。巨岩の彼方に甲山が見える

3 矢穴が穿たれた岩。背面にも注目

多数あいた岩3が見つかる。これは矢穴《やあな》と呼ばれる、石を割るために鉄の楔《くさび》（矢）を打ち込む穴である。ギザギザ岩1の外周にあったギザギザも矢穴の痕跡である。

みくるま池から流れだしている渓流を渡り、再び登り返すと西ピーク4に達する。

巨岩に囲われた九想の滝。中央下の岩には、不動明王の浮彫が見える

6

九想の滝を参拝

この西ピークを下ると、軽登山道は甲山森林公園の幅広い遊歩道に合流する。遊歩道を左手に進み、甲山森林公園の車道に面した南口に出る。車に気を付けながら横断し、神呪寺方面（右手）に進むと、「九想《くそう》の滝入口」と書かれた白く小さな高札（説明板）がある。それに従い道を左に折れて直進する。途中、神呪寺への道があるが、そのまま直進しよう。

5
九想の滝の鳥居。神仏習合の典型である

なお、説明板によれば、九想の滝5 6は白雉《はくち》年間（650〜54）頃の役小角《えんのおづぬ》ゆかりの霊場とされている。『元亨釈書《げんこうしゃくしょ》』にも同様のことが書かれており、甲山のあたりは古くからの霊地であったと想像される。

甲山の八十八ヶ所をめぐる

九想の滝を参拝したら高札のところまで戻り、改めて車道を神呪寺方面に進むと、甲山八十八ヶ所一番札所がある。寛政10年（1798）に当時の神呪寺住職が四国八十八ヶ所を模倣したミニ巡礼地（写し）を作り、以来多くの参詣者でにぎわったという。一巡すると約2・46㌔で、本家の593分の1にあたる。ここでは、いくつかの札所を岩めぐりの趣旨に沿って紹介しよう。

第一番 霊山寺《りょうぜんじ》 水大師。第一番の御本尊は釈迦如来だが、ここでは十一面観世音7（左）となっている。

第三十四番 種間寺《たねまじ》 巨岩8を石仏の光背《こうはい》としている。

第五十番 繁多寺《はんたじ》 岩窟《がんくつ》9の中に石仏が鎮座している。

7
石仏の前にあるのは、霊水が湧き出したと伝えられる井戸

8
巨岩の上部にミシン目のように矢穴が見える

9
繁多寺。木漏れ日が神々しい

第六十二番　宝寿寺《ほうじゅじ》　近くの小山の頂上には、巨大な**卵岩*** 10がある。また、その西隣にも、鷲《わし》がとがったくちばしをこちらに向けて振り返ったような**鳥岩*** 11がある。古代遺跡研究所（西宮市）所長で元京都精華大学教授でもあった故中島和子《よりこ》氏は、この鳥岩を磐座《イワクラ》として紹介しており、『元亨釈書』にも神呪寺の鷲に関する説話が残されている。

10
卵岩。巨大な恐竜の卵のような形

第七十三番　出釈迦寺《しゅっしゃかじ》の隣にある役小角像の裏には、**でか鼻岩*** 12がある。丸いでっぱりが天狗《てんぐ》の鼻のようだ。

11
鳥岩。とがったくちばしをこちらに向け、にらみつけるかのようだ

でか鼻岩。この岩の反対側に役小角像がまつられている

河馬岩。特徴的な形だが、特にいわれのようなものはないらしい

神呪寺境内の西、第八十八番　大《おお》窪寺《くぼじ》の左側に＊河馬岩《かばいわ》13がある。カバの横顔のようなユニークな形をしている。

甲山山頂で休憩し帰路へつく

八十八ヶ所の参拝を終えたら、元気のある人は神呪寺境内の東端にある登り口から甲山に登ろう。登りの所要時間は15分程である。周囲に樹木が茂っているため見晴らしはあまり良くないが、広々とした頂上14で弁当を広げるのも楽しい。

ちなみに甲山は弥生時代の銅戈《どうか》が発見されことで知られる。銅戈は祭《さい》祀《し》的な遺物でもあることから、甲山は古代からの神山であったと考えられる。

下りは、頂上西端の下山路を利用して阪神バス停「北山貯水池」に向かう。もし疲れたなら、ここからバスに乗り阪神西宮駅に向かってもいい。また阪急夙川《しゅくがわ》駅へは、ここから西に歩けば阪急バス停「甲山墓園前」か「鷲林寺」がある。

さて、余力のある場合は北山貯水池の南側を通り、北山公園を経て阪急甲陽園駅に下山しよう。ただ歩くだけなら所要時間は約1時間である（阪急甲陽園駅から北山公園のルートについてはP.32 ノーマルコース3を参照）。

二等三角点のある甲山の山頂

甲山の周遊と霊場めぐり

【アドバイス】
「九想の滝」へ向かう途中に神呪寺に向かう道があるので、滝を参拝したい場合は先にそちらへ行かないよう注意。

【アクセス】
阪急今津線・仁川駅から甲山森林公園東口まで約35分。

第２部

六甲岩めぐりハイキング

アドベンチャーコース

アドベンチャーコース

1

芦屋《あしや》ロックガーデン地獄谷《じごくだに》

沢沿いから岩の墓場まで多彩な景色を愉しむ

ルート概要

一般のハイカーでにぎわう高座《こうざ》ノ滝から風吹岩《かぜふきいわ》に向かう中央稜ルートと異なり、地獄谷《じごくだに》を沢沿いに登り、途中から尾根道に折れて風吹岩にいたる静かなルートである。沢沿いはゲートロックなどの有名な岩場や、おもしろい形の岩が点在し、尾根沿いには練習用の小さな岩場や花崗岩の風化による奇岩が見られる。尾根から眺める眺望は素晴らしく、都会の喧騒を忘れさせてくれる。

●コースタイム

阪急芦屋川駅 ← 30分 → 高座ノ滝 ← 30分 → 蛙岩 ← 5分 → 小便滝 ← 30分 → Bケン ← 15分 → 風吹岩

歩行時間	歩行距離	難易度	疲労度
約1時間50分	約3.5km	★★★	★★☆

岩レベル

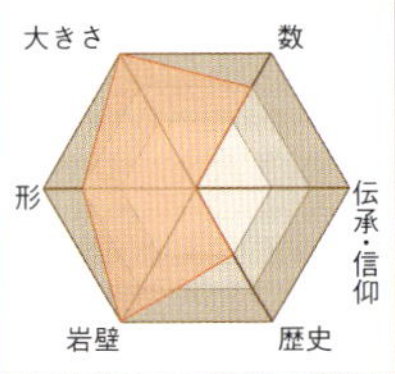

高座ノ滝。滝の左側の岩壁にはロックガーデンの名付け親と言われる藤木九三《ふじきくぞう》のレリーフがある

登山口を目指し高座ノ滝へ

阪急芦屋川駅から芦屋川の右岸を山手へ向かう。大僧《おおぞう》橋を渡り、途中で左手に曲がり、少し歩いたところで再び山側に向かうと高座川沿いの一本道となる。川沿いに進むと、やがて2つの茶屋と高座ノ滝 1 に至る。

高座ノ滝を過ぎるとトイレはないので、ここでひと息入れ、登山の身支度をするのが良いだろう。

ゲートロックとホワイトロック

高座ノ滝からひと登りすると、ルート案内板 2 の前で道が二手に分かれている。右手は中央稜を経て風吹岩に至る一般ルート、左手が地獄谷に入る道で、今回は左に進む。

左の道を下ると、川の流れる平坦な谷底 3 に出る。最初に迎えてくれるのは、その名も**ゲートロック** 4 の岩壁である。現在は樹林に覆われて谷底からは見えないが、写真

ルート案内板のある分岐点

地獄谷の出発点となる砂地の川原。左手のガレ場を登る

ゲートロックの標識

3の左手のガレ場を登ればすぐに見つかる。

続いて、ホワイトロック（ホワイトフェース）に向かう。

ゲートロックを屏風《びょうぶ》のように見た右端に標識5がある。標識の裏手にある道を抜けて、川沿いにトラバースするとガレ道に突き当たる。そこをさらに登ったところにあるのが

ホワイトロック。今はかなり黒く見える

ホワイトロック6である。かつて崩落か何かで岩が崩れ、その破断面が白く見えたことからその名がつけられたのであろうが、現在はかなり黒く見える。

蛙《かえる》岩がお出迎え

ホワイトロックの下から伸びるガレ道を下ったところから地獄谷を遡《そ》行《こう》する。地獄谷には小滝がいくつかあり、直登は初心者にはやや危険なところもある。巻き道があるので、あわてず周りを探索しよう。

沢を登っていくと、やがて小さな岩が乗った巨岩が見えてくる。小岩の部分を右手から見ると蛙に似ているので、私は**蛙岩***78と称している。その奥には**ロックフェンス**9がある。

7ランドマークの蛙岩　8左手が蛙の頭で、右手が足。奥はロックフェンスと呼ばれる岩壁　9ロックフェンス。ボルトが点々と打たれている、ちょっとした練習用の小さな岩場

ここは小さな広場になっているので、多人数の場合は格好の休憩場所である。そばには、私が**ジョーズ岩***10 11と名づけたおもしろい岩があるので、しばし遊んでみるのも一興であろう。

10 ジョーズ岩の側面。鮫というより鯨にも見える

11 人喰い鮫にあわや飲み込まれんとするザック

蟹岩《かにいわ》を経て小便滝へ

ジョーズ岩からさらに少し遡行《そこう》すると、小さな滝12があり、その上部には**蟹岩***13が鎮座している。行き止まりのように思えるが、滝に突き当たった右側にしっかりした登り口があるので慎重に登れば問題ない。

高座ノ滝から35分ほどで小便滝14に到着する。滝というより岩から流れ出す文字通りの小便だ。ある人から聞いた話では、小便滝の岩は根性岩とも呼ばれていたそうだ。流れの右側高さ50チセン程のところに、ボルタリング風に左足を乗せ、両手で岩の左上方をつかみ、右足を岩の上まで上げて登るのに根性がいるからとのことである。

上／小滝の全景。上部が蟹岩　**下**／蟹岩の拡大写真。食いしんぼうの私には、これがどうしても蟹に見えてくる

小便滝。あまり勢いはない

経験に合わせて3つのルートを選ぶ

小便滝は分岐の重要ポイントで、ここから3つのルートに分かれる。

(1) 小便滝の正面の谷15を直進してAケンの下に出る道（巻き道ルート）。なお、「ケン」とは「懸垂岩」の略称で、「懸垂」とはロープを使用して岩壁を降りる「懸垂下降」の意である。

(2) 小便滝の左手の斜面を登り、尾根に出る道（尾根ルート）。すべりやすく転落の危険があるので、山に慣れてない人は(1)のルートが無難である。

(3) 小便滝の左手の斜面を登り、堰《えん》堤《てい》を巻いて地獄谷の本流を遡行する道（本流ルート）。薄暗い谷を通り風吹岩に至る道で、危険性はないがあまりおすすめではない。

小便滝の正面の谷道。直進すると(1)、この左側にある道を登っていくと(2)、左側を水平に進むと(3)のルートに入る

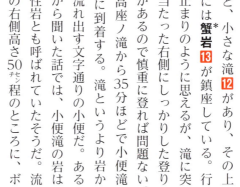

突き当たりの崖。左手に登り口がある

ロープのかけられた第一ピークへの登り口

ここでは道がわかりにくい(2)尾根ルートを紹介する。

写真15の谷道に向かって左の道を山の方へ登っていくと、第一ピークが見えてくる。第一ピークに登るには、崖16に突き当たったところの左手にあるロープのかかった岩壁17を登る。必ず登る前にロープの安全性を確かめよう。また、ロープは軽くバランスをとる程度に使い、過大な荷重を掛けるのは禁物。あくまでも岩壁の凹凸に足をかけて登るのが基本である。

ヤセ尾根が続くので慎重に

第一ピークからは360度の展望が楽しめる。北を眺めるとAケン・Bケン・Cケン・墓場18が見える。

第一ピークからAケンはすぐそこである。Aケンピーク19を下ると、

北側から見たAケンピーク。岩山に松が生え、中国の山水画を思わせる

尾根ルート第一ピークからの展望。少し見にくいが、手前がAケン、稜線の中央下の小さな黒い岩がBケン、左の白く見えるところが墓場、右の鉄塔の下のピークがCケン

東斜面から見たAケン。今なお現役の岩場である。岩登りの練習のため、岩がかなり磨耗している

その東斜面が**Aケン**20の岩場で、（1）の巻き道ルートとの合流点である。

次にBケンへは、Aケン側から見

ちょいこわトラバース。靴よりやや広い程度の幅しかなく、少し緊張する

震災で前面が完全に崩落したBケン

人が歩いている尾根の左側（西）が墓場、右側（東）が万物相と呼ばれる岩場

て右手のコル状の谷間を登ると、比較的取りつきやすい登り口がある。岩登りが苦手な人は、コルの向こう側に巻き道があるのでそれを使おう。ルートの途中には、ちょっとしたスリルを味わえるトラバース21がある。さらに進むと、右手に崩壊した**Bケン**22が見えてくる。

墓というよりは、モンスターである。
これをピラーロックと呼ぶ人もあるが、
昭和初期のそれとは異なる

北側から見た墓場　西部劇のシーンを思わせる光景だ

世にも不思議な墓場の光景

Bケンから西に進路をとり、樹林に囲まれた砂地を通る。ここはかつて「**万物相**《ばんぶつそう》」と呼ばれたエリアの中心であった。次に尾根南端のガレ場を登っていく。登山家の間でも有名な岩場**ピラーロック**は、このガレ場付近にそびえていたものと推定される（P.78エッセイ4参照）。

尾根の上に立つと、花崗岩の風化した尖塔が林立する異様な光景が広がっている。これがロックガーデンの**墓場**（Graves）23 24 25と呼ばれるところである。

ゴールの風吹岩へ

墓場を下ると北側が樹林帯で囲われた広場に出る。そこから木立へ入り登ってゆくと、人でにぎわう中央稜ハイキングルートに合流する。ここを左に曲がれば3分ほどで**風吹岩**26に到着する。竹中靖一氏の『六甲』には、「このあたりを風吹と呼び、付近一帯を横と称する。眺望が甚だよい」とある。岩の上から見渡せば、北は六甲最高峰、南は芦屋から大阪の市街地、海のかなたに和歌山方面を望むことができる。

ハイカーならよくご存じの風吹岩

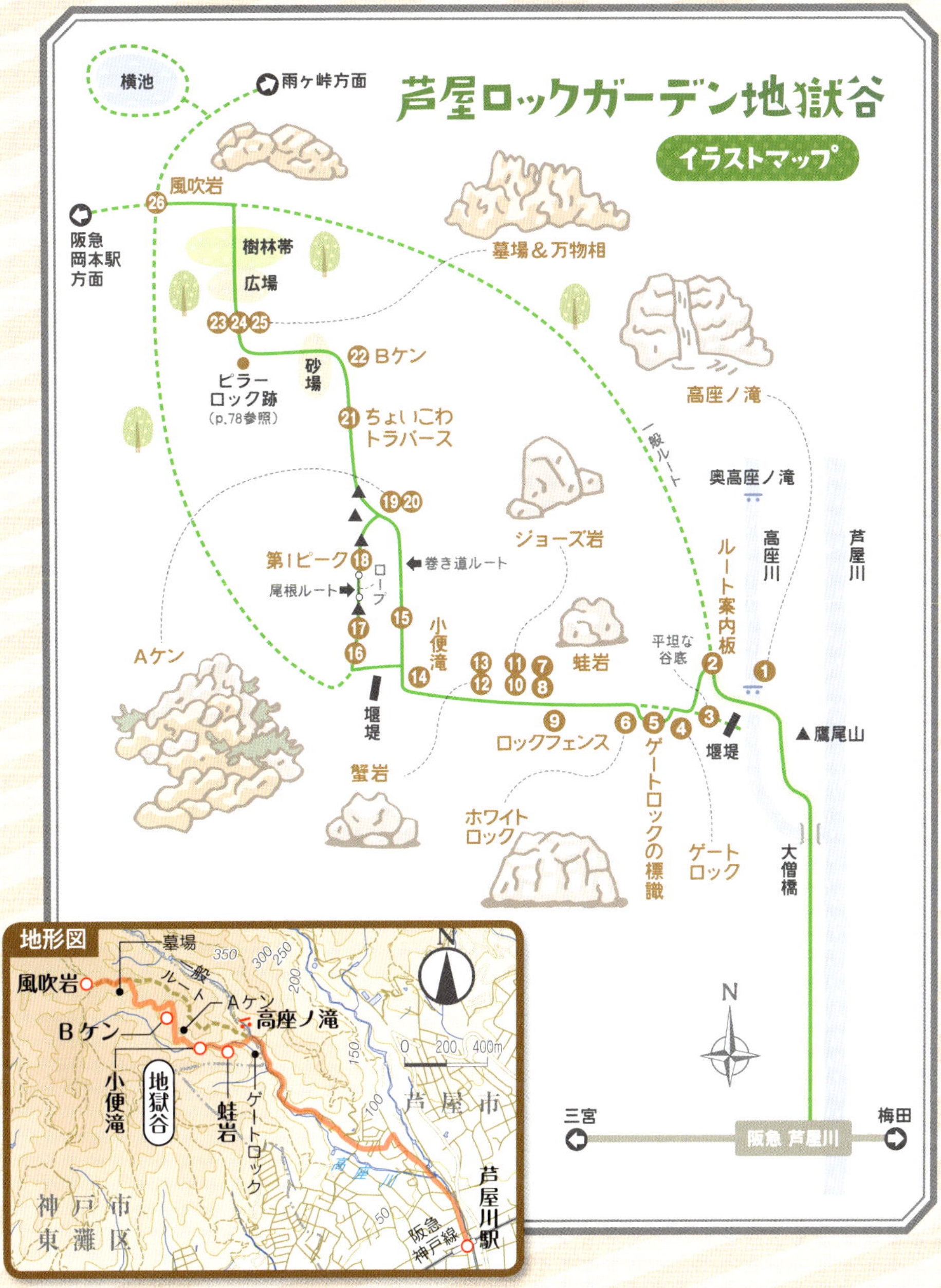

【アドバイス】
やや危険な小滝や、滑りやすい尾根歩きもあるので、初心者は経験者の同行が望ましい。

【アクセス】
阪急神戸線・芦屋川駅から登山口まで徒歩 30 分。

Pick Up
エッセイ

4 ピラーロックの謎

失われたピラーロック

「ピラーロック」はグーグルマップにも登場するほど有名な岩であるが、それがどのような岩であるかは謎につつまれている。文献と現地調査から、その実態に迫ってみよう。

図1　ピラーロックの写真（『六甲』[※1]）

ピラーロックはそもそもどこにあったのだろうか。調べてみると、墓場に林立する風化した花崗岩をピラーロックと称しているガイドブックもある。昭和初期の古典的名著『六甲』[※1]には、ピラーロックの写真（**図1**）と記述がある。

しかしながら、**図1**の写真は不鮮明で周囲の状況が定かではない。そこで、記述からその位置を推定してみよう。

＊

「（B懸垂）岩の前から左手、西へ一寸下った谷底は水のない平らかな砂地であって、快い休み場である。東を見上げると、懸垂岩が……西を仰げばピラーロックがその名に背かず巨大な尖塔を空高く聳立《しょうりつ》している。この付近の岩は特に形状が変化極りないところから、朝鮮の金剛山のそれに倣い、万物相と称せられている……（B）懸垂岩とピラーロックとの間の谷を少し登ると左手ピラーロックの斜面にチムニーがあってチョックストーンが一つ懸かっている。もし、ザイルがあるならこのチムニーを通ってピラーロックまで登るのは愉快な岩登りである。さて、このチムニーを左に見て、谷を埋めた岩石を踏み、谷の奥を左にとって登る。すると、ロックガーデン中央尾根からピラーロックへ派生した支尾根の上に出る。そこから細い尾根伝いに、少し下れば、ピラーロックの頂上へ容易に達することができる。一坪かそこらの狭い岩頭であるが甚だ広潤である。そこの西側には灰色の甚だグロテスクな形の岩が林立した地域があって墓場(Graves)と呼ばれている[※2]」

図2　ピラーロックの写真(『六甲山の渓谷』[※3])／記述から、Bケンから撮影した写真と思われる

*

この記述から、「平らかな砂地」を挟んで東にB懸垂岩(以下、Bケン)、西にピラーロックがあることがわかる。これを手がかりに、ピラーロックのより鮮明な写真を調査したところ、『六甲山の渓谷』に次のような記述とともに見つかった(図2)。

*

「(Bケン)から眺めるピラーロックの岩峰は素晴らしく、青空に聳立する様を必ず写真にとって

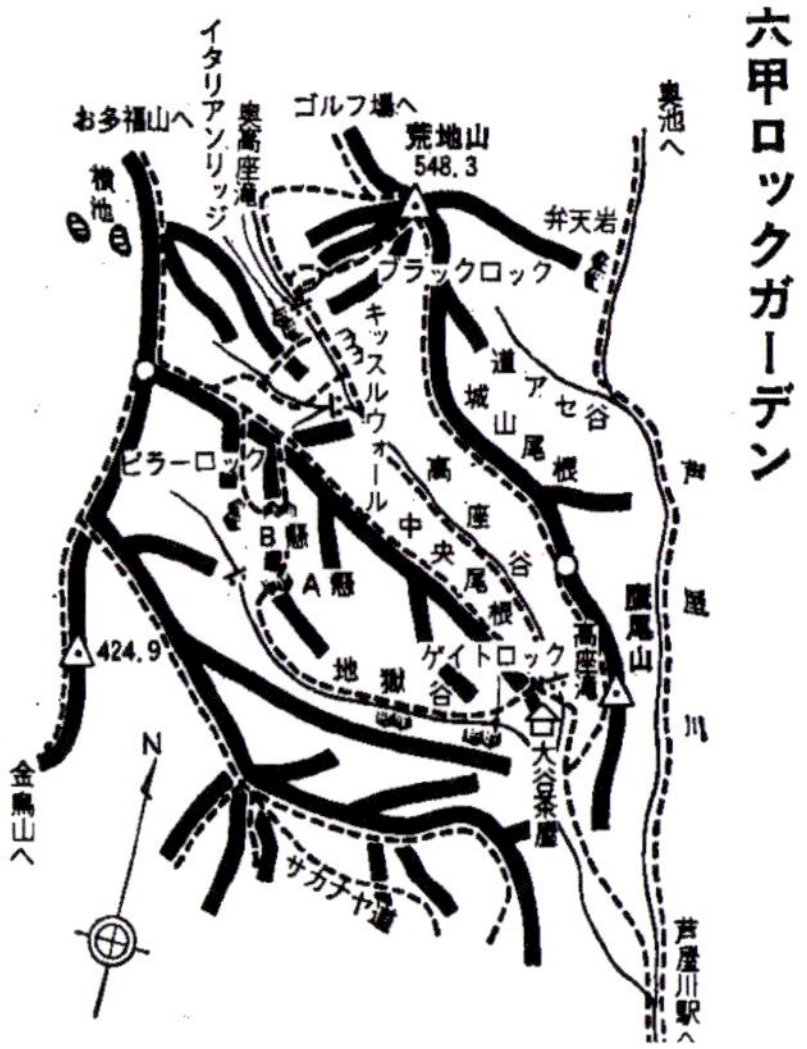

図３「六甲ロックガーデン」の地図[※4]／ピラーロックはBケンと対向する尾根の先端の東よりにある

おきたい。柱状をしているのでこの名がある。ピラーロックへは、西側の砂地へ一旦下り、更に右手のガレ場を登る。[※3]」

＊

同書にはイラストマップも掲載されているが、しかし位置がはっきりしない。もう少し明確な地図を探すと、[※4]『近畿の山　アルパイン・ガイド1』に具体的な位置の記載された地図（図3）が載っていた。

これらの資料からピラーロックの特徴を抜き出すと、

①Bケンから西へ少し下った谷底に水のない平らかな砂地があり、ピラーロックはその砂地（万物相）の西にある。

②ピラーロックの側面にチョックストーンがかかったチムニーがあり、ここを登ってピラーロックに達することができる。

③チムニーを左に見て登山道を登ると、万物相と墓場の境界をなす尾根に出る。その尾根づたいに下れば、ピラーロックの頂上にたどりつく。

④ピラーロックは尾根の先端のやや東側にある。

⑤ピラーロックの頂部は一坪ぐらいの広さであるが、全体として見れば巨大な尖塔である。

２０１７年７月の現地の状況

これらの資料をもとに、実際に現地に足を運んでみた。現在もピラーロックはその場所に存在するのだろうか。

まず、Bケンからピラーロックがあると思われる方向を眺めてみる（**図4**）。

図4　Bケンより眺めたピラーロック跡

続いてBケンから西側に下ると、文献の記述通り砂地が現れた（**図5**）。

昔はこのあたりが万物相の中心であった。今は樹林に覆われて昔の姿をしのぶことはできないが、かつて六甲山ははげ山で、中央の尾根全体が万物相や裏六甲の蓬莱峡《ほうらいきょう》のような様相であった。

ピラーロックの目印になるチョックストーンは、恐らく**図6**の岩であろう。

図5　Bケンの西側直下の水のない谷底の砂地

チョックストーンも、かつては砂の堆積がなく、もっと高い位置にあったと推定される。資料によれば、チムニーを左手に見て山道を登りつめると、万

図6　チョックストーンのあるチムニー

図7　チョックストーンのあるチムニーをよじ登ったところにある岩（図４の岩Ｃ）

図8　尾根の先端にある崩れた岩（図４の岩Ｂ）

物相と墓場の境界をなす尾根に出る。そこから、南に下ったところにピラーロックがあるはずだ。**図7**の岩は、尾根をやや東側（Ｂケン側）に下ったところにある。ピラーロックは、この上部にそびえていたものと推定される。この岩の右肩のところにはＢケンが見える。

ここで、**図2**と**図4**の写真を照合すると、中央の岩が岩Ｂ、右の岩が岩Ｃに相当する。

こうして考え合わせると、**図8**の崩壊した岩こそが、ピラーロックのピークにあたると思われる。立派にそびえていた岩場は現在ではすっかり崩れ、かつての「巨大な尖塔」のおもかげはなかった。

《注》

※１　竹中靖一『六甲』、朋文堂、１９３３年、P.４２８
※２　前掲書
※３　池田春次『六甲山の渓谷』１９８５年、P.27
※４　仲西政一郎『近畿の山　アルパイン・ガイド１』山と渓谷社、１９６５年、P.55

アドベンチャーコース

2

荒地山《あれちやま》のボルダーめぐり

フリークライマーにも人気の迫力ある巨岩群

ルート概要

荒地山《あれちやま》のボルダー群は1980年代に開拓されたが、現在では阪神淡路大震災の影響もあり風化が進んでいる。これらを岩めぐりの対象として見直すとともに、魅力ある新たなボルダーを加えたコースである。

黒岩から岩梯子《いわばしご》までのトラバースはちょっとしたアルペン気分を味わえる。また最後に訪れるキャッスルウォールは、芦屋《あしや》ロックガーデン奥高座《おくこうざ》の最大の岩場である。

●コースタイム

風吹岩 ←10分 三段岩 ←25分 黒岩 ←30分 八畳岩 ←45分 鷹尾山との分岐 ←15分 キャッスルウォール ←30分 高座ノ滝 ←20分 阪急芦屋川駅

歩行時間	歩行距離	難易度	疲労度
約2時間55分	約5.5km	★★★	★★★

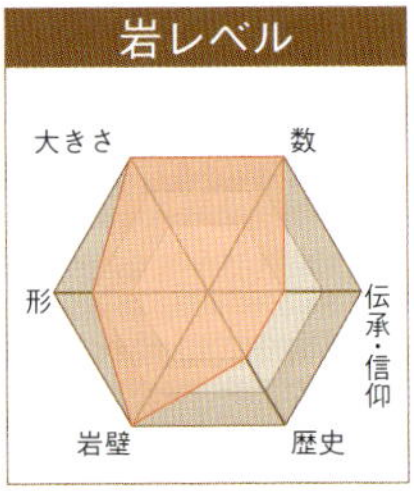

水辺でひと休みをして新たな岩めぐりへ

アドベンチャーコース1「地獄谷《じごくだに》」のゴール地点である**風吹岩**《かぜふきいわ》（P.76参照）は芦屋ロックガーデンのハイキング道における重要な分岐点である。ここで道は3つに分かれているが、今回紹介するコースでは、北の雨《あま》ケ峠《とうげ》への道をたどろう。しばらく歩くと左方向に横池《よこいけ》への分岐がある。横池1はすぐそこなので、休憩に立ち寄ってもよいだろう。

横池の分岐点から少し歩くと、右側に細い山道があるので見逃さないように注意しよう。分かれ道は短い区間に複数あるが、右側の道であればどれを選択しても同じである。山道を登ると、すぐに三枚の岩を重ねたような岩2がある。筆者は勝手に＊「**三段岩**《さんだんいわ》」と呼んでいる。

三段岩から眺める荒地山の姿3は豪快である。写真の右端部分

1
睡蓮の咲く静かな横池。周囲はかなり広い平坦な砂地となっているので、多人数でも昼食をとるのに都合がよい

2
三段岩

3
三段岩から眺めた荒地山の全景

4

これから進む荒地山ボルダー群
1：黒岩　2：キャップロック　3：烏帽子岩　4：震災チムニー　5：ビッグボルダー　6：ブラックフェース

（南方）が、これから進む**荒地山ボルダー群** 4 である。

やや複雑な分岐を経て荒地山登山口へ

三段岩から高座谷の源流部に下り、荒地山の中腹にある黒岩を目指す。三段岩を下っていくと、5 のような三叉路がある。中央の道は尾根道、左と右は谷に降りる道である。ここでは左側の道を降りる。降りたところにも左側に行く分岐があるが、ここでは右側の尾根に沿った道を選択する。すると、小さな谷川に出会う（P.95 イラストマップ参照）。この谷川の下流に、道標のある荒地山の登り口 6 があるので、谷川に沿って道を選択すれば迷うことはない。

ここから、やや急登になるが、**黒岩*** 7 までは迷わず進めるだろう。黒岩の上にすっくと立つ赤松は、いつ見ても雄々しく、生きる勇気を与えられる思いがする。松の根方に腰

5 三段岩を下ったところにある三叉路。左側（写真奥）の道を選択

6 高座ノ滝—荒地山の道標

7 赤松の生えた黒岩

を下ろし、六甲の山々をゆったりと眺める気分は最高だ。

いよいよボルダーめぐり開始

黒岩から、荒地山のボルダーめぐりが本格的に開始する。まずは**プロペラ岩**を目指して黒岩の南側の谷を下っていく。黒岩の少し上あたりに**8**のような分岐点があるので見落とさないよう注意しよう。

分岐した道を進むと、やがてプロペラ岩の上部に達する。そこから間近に、数学の集合に使われる「∩」の記号に似た、頂部が丸く縦長の岩が見える。それが**キャップロック***（**9**）である。

足元にあるプロペラ岩は、ちょうどリボンを垂直に立てたような形をしており、飛行機のプロペラに見えることからその名がついた。しかし間近では巨大すぎてその全景がわからない。岩を見るには南側の尾根に登る必要があるが、この道が複雑でわかりにくいので、気をつけながら進んでほしい。

まず、プロペラ岩から谷底に降り、やや下っていくと、写真**9**のキャップロックの左手を通過して南側の尾根に登るガレ道が現れる（キャップロックの右手にも道らしきものがあるが、それとは異なる）。ガレ道を登りきると、かなりしっかりした踏み跡が通っている。ここからなら木に隠れてはいるものの、プロペラ岩の全容**10**が眺められる。

8 プロペラ岩への分岐点。赤いペンキが塗られた木が目印で、ここを右手に下る

9 中央やや右側の∩状の岩がキャップロック

10 プロペラ岩の全容。残念ながら下部が木で隠されている

岩のユニークな形を見立てて楽しむ

その先には、ロープが掛けられたちょっとした段差がある。そこを下り、南上方に向かって進むと**烏帽子《えぼし》岩***11が見える。烏帽子にも様々な種類があるが、この岩は神主がかぶる「立て烏帽子」に似ている。なお、進む方向を見失った時は、周辺は見晴らしが良いのでGPSナビゲータが有効である。

11

烏帽子岩（GPSデータ　N34° 45′ 9″ E 135° 17′ 0″）

続いて、1995年1月17日に起こった阪神淡路大震災により左右に岩が裂けた**震災チムニー***12 13を目指す。荒地山の肩の手前、左手方向にある高低差のない道を行こう。

震災チムニーを見学したら、烏帽子岩からたどって

12

震災チムニー。地震のすさまじいエネルギーを示すモニュメントだ

写真12の左側の岩。震災チムニーはこの岩の裏手にある

サンデーモーニングスラブは見上げるほどの巨岩。日曜日の朝、この岩が朝日に輝く様を想像すると満ち足りた気分になる

いた元の道まで引き返して先へ進む。荒地山の肩にある**サンデーモーニングスラブ**14はすぐそこだ。なおスラブ（Slab）とは、でこぼこの少ないのっぺりした一枚岩のことである。

サンデーモーニングスラブの頂部を通り抜けると、岩梯子から荒地山山頂へ向かう一般ルートに合流する。そこを右へ少し下ると、右手のひらけたところから平べったい水平の巨岩が見える。十分な広さがあるので私はこれを*****八畳岩《はちじょういわ》**15と呼んでいる。ここはサンデーモーニングスラブの直下にあたり、大変眺めが良い。

この南端を見下ろすと、三角形の岩が飛び出している。八畳岩を甲羅に見立てれば、**亀の首***16にそっくりである。実は、このような見立ては私だけのものではなく、各地にその類例がある。岩の見たては、民俗学的にもおもしろい研究対象ではな

八畳岩

亀の首

いだろうか。

また、八畳岩の下には「**岩小屋**17」と呼ばれる空洞がある。昔の登山雑誌を読むと、ここで雨をしのいだという記事が出てくる。

八畳岩から岩小屋へ行くには、八畳岩の山側に向かって左手にある梯子を降りる。ただし梯子は応急的に設置されているものなので、ほとんどすべり降りるような形になる。不安を感じた時は、サンデーモーニングスラブの背後にある安全に降りられる道を選択しよう（P.95 イラストマップ参照）。

岩小屋。４～５人程度なら入れそうな岩の空洞である

荒地山最大のボルダリング・スポット

岩小屋のさらに下にも、様々な形の巨岩が密集している。なかでも**ビッグボルダー**181920は、今でもボルダリングが行われている荒地山最大の岩である。

この岩の側面にある出っ張った角は、トカゲのように岩と体との摩擦を利用して這《は》いずり上がらねばならないので、「爬《は》虫類《ちゅうるい》のカンテ」と呼ばれる。カンテ（Kante）はドイツ語で縦方向にのびた凸型の岩角のことである。

ビッグボルダーの正面左側から、

18ビッグボルダー（左側）。この部分は鯨の頭と呼ばれているが、鯨というよりイルカのようにも見える。背後にはチムニーがある　19ビッグボルダー（中央）。逆「く」の字のクラックが入っている　20ビッグボルダー（右側）にある爬虫類のカンテ

ブラックフェースに通じる道がある。そこを進むとまず、すぐ下に中央に割れ目が走った**ハンドジャム**21が現れる。「ジャミング」とは、クライミングで岩の割れ目に体の一部を挟み込んで体を支える技術のことで、「ハンドジャム」は手を差し込んで甲を膨らませたり、手首を捻ったりすることである。

　さらにその下へ下っていくと、家の形をした**ハウス**22だ。割れ目の上側の岩が張り出していて屋根のように見えることから、その名がついたのだろう。

　さらに下に下っていくとブラックフェースの頂部23に達する。夏は涼しく眺めも素晴らしいが、テラスのように平らに見える岩の面は、実際には岩壁に向かって斜めに傾いているので注意しよう。

21

深く亀裂の入ったハンドジャム

22

ハウス。キノコのようにも見える

23

ブラックフェースのテラス状の頂部

岩の通り抜けと梯子の下りはアスレチックのよう

　ここまで来たら、再びビッグボルダーまで引き返そう。

　ビッグボルダーに向かって右手方向に岩を乗り越えてトラバースすると、荒地山の一般登山道に出る。そこには、ロープがついた小さなスラ

24

ロープがついたミニスラブ

テーブルロック。岩の面は、驚くほど平坦である

長く突き出したワニ岩

ブ状の岩**ミニスラブ**24が道をふさいでいる。ここから脇道の岩を見にいくが、道がわからなくなった時は、一般道に出てこのミニスラブを基点とするのがよい。

ミニスラブの手前で右下側を見ると、広く平らな頂部を持つ岩が見える。それが**テーブルロック**[*]25である。これも阪神淡路大震災の落とし子であり、震災によって古い岩が壊され、新しい岩が作り出された。

テーブルロックから下っていくと、先のとがった岩が出っ張っている。ワニが水面から飛び出したように見えるので、私は**ワニ岩**[*]26と呼んでいる。

ワニ岩からは、再度ミニスラブの

新七右衛門岩穴

岩梯子は大小の岩が梯子のように連なっている。名所なので表示板がある

近くの分岐点まで引き返し、一般道を下りながら**新七《しち》右衛《え》門《もん》岩穴**27へ向かう。新七右衛門岩穴は荒地山の通路の一つで、岩のすき間に人ひとりがやっとくぐり抜けられるぐらいの大きさの穴が開いている。通り抜けをする際は、大きなザックは一度降ろす必要がある。

新七右衛門岩穴という名は、1995年の阪神淡路大震災以前に、七右衛門岩穴と呼ばれるこれとは別の岩穴が通路とされていたことがその由来である。七右衛門というのは、このあたりに残る民話に登場する主人公の名だが、詳しくはピックアップ・エッセイ5を読んでほしい（P.96参照）。

この穴をくぐって下ったところが、有名な荒地山の**岩梯子《いわばしご》**28である。岩穴の通り抜けはちょっとしたアスレチックなので、穴をくぐるのが苦手な人は、下山方向に向かって左側にある巻き道を利用すれば岩梯子の下に降りることができる。

芦屋ロックガーデン最大の岩場へ

次はブラックフェースを経て、芦屋ロックガーデン最大の岩場である**キャッスルウォール**に向かう。

岩梯子を下りてからほどなくして、道の傾斜がゆるやかになったところに、松の木が生えた分岐点29がある。ここを右手（谷側）に下る。

やがてブラックフェースの岩壁30がチラホラと見えてくるので、右側に分岐点を探しながら下ってこう。2つ目くらいに見つかる踏み跡が岩場に通じている。

ブラックフェースからは、道なりに谷を降りてゆけば自然に奥高座ノ滝の上にたどり着く。奥高座ノ滝の上は薄暗いところで、U字状の地形をしている。ここを左手（下流側）にひと登りすれば、巨大なキャッスルウォール31の岩壁が見える。

松の木が目印となる分岐

ブラックフェース下部

高座川沿いに帰路につく

キャッスルウォールの下を流れる高座川のすぐ上流には奥高座ノ滝があるので、余裕があるなら寄っていこう。いつも静かで涼しいところだ。ちなみに、奥高座ノ滝のやや下流の右岸上方には有名な**イタリアンリッジ**という岩あったが、今は崩壊し、樹木に覆われてしまっている。

帰りは、高座川の右岸沿いに進んでいけば、鎌倉時代の遺物が出土したといわれる中ノ滝を経て、高座ノ滝に達する。ここから、歩いて20分ほどで阪急芦屋川駅に到着する（P.77イラストマップ参照）。

31

キャッスルウォール。城壁の名にふさわしい岩壁である

ミニコラム

イタリアンリッジ

RCC（ロッククライミングクラブ）の資料を読むと必ず出てくる岩がイタリアンリッジだ。アルプスの雄峰マッターホルンのイタリア側のリッジ（やせた岩尾根）に似ていることから その名がついた。しかし、今は崩れてしまって見る影もない。

■場所：奥高座ノ滝のやや下流、右岸を登ったガレ場のあたり（本書P.80 **図3**「六甲ロックガーデン」の地図を参照）。

『六甲』竹中靖一、朋文堂、1933年、P.430～438

荒地山のボルダーめぐり

イラストマップ

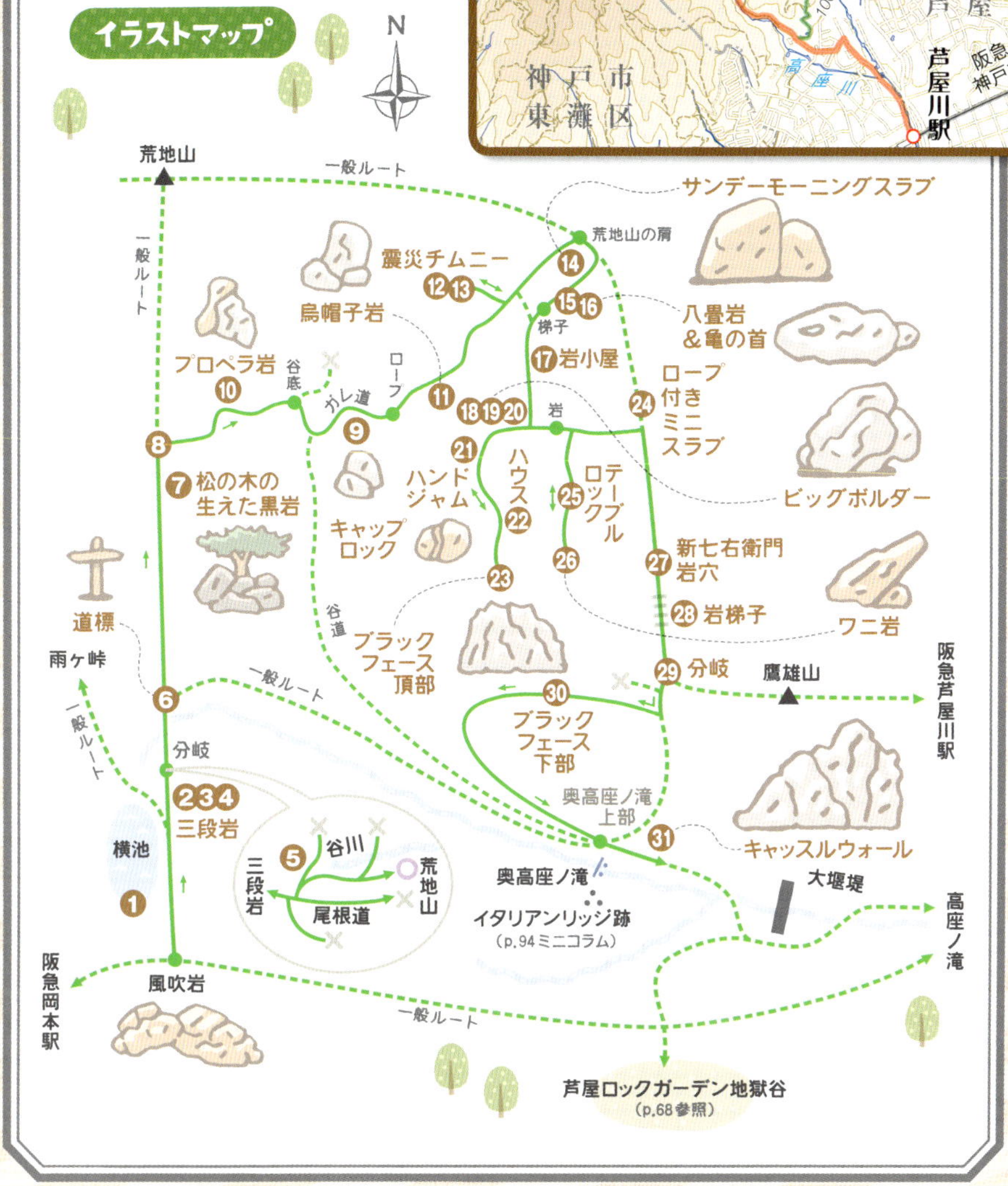

【アドバイス】
ルートが複雑で迷路のようなところを往復するため、ルートファインディングが必要。

【アクセス】
阪急神戸線・芦屋川駅から登山口まで約30分。一般のハイキングコース（約90分）か地獄谷コース（P.68～、約110分）経由で風吹岩に向かう。

Pick Up
エッセイ

5 七《しち》右衛《え》門《もん》岩《がん》穴《けつ》

かつての七右衛門岩穴

荒地山《あれちやま》コースで触れた昔の七右衛門岩穴（P.93参照）は、現在の新七右衛門岩穴のすぐそばの対面にある。現在はシダ類があたりに繁茂《はんも》してわかりづらいので、10年以上前に撮影した写真を掲載しよう。すでに岩が崩れて通れなくなっているが、かつては岩穴が通路として使われていた。

2006年に撮影した七右衛門岩穴の入口。現在の入口はシダに覆われているが、外側の岩組は健在である

七右衛門岩穴の内部。岩が崩れて岩穴がふさがれているが、穴の奥に空が見える

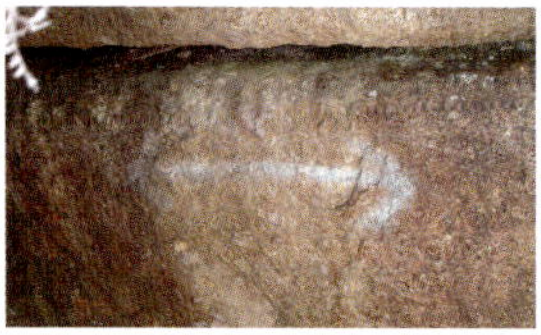

昔の登山路を示す矢印

七右衛門の伝説

荒地山は昔から六甲の山の神である石《いし》の宝殿《ほうでん》の権《ごん》現《げん》が棲んでいると言われており、山中で悪事を働くと、この荒地山に迷い込んで神罰を受けると信じら

れていた。この七右衛門岩にも、それにまつわる伝説が伝えられている

麓《ふもと》の芦屋《あしや》村に七右衛門という身寄りのない若者がいた。もともとは正直な働き者で村人にも愛されていたが、兄のように慕《した》う友人に裏切られて以来、絶望のためにすさんだ生活を送るようになった。村人からもしだいに疎《うと》んじられ、ついには村から出ていってしまった。

ある日、六甲山を越える旅人が山中で追いはぎに出会った。村人はその話を聞き、姿をくらましている七右衛門だと思った。「山中で悪事を働いたから、きっと荒地山だ」。言い伝えを信じて荒地山に登った村人は、この岩穴で頭を砕《くだ》かれて絶命している七右衛門を発見した。

この話は、六甲山に残る伝説としてはかなり有名で、出典は多数ある。しかし、詳細に読むと微細な点でそれぞれに異なっている。伝説とは、もともとそのようなものであろう。ここに書いたのは、それらを勘案して一つの話としてまとめ上げたものである。

なお、このあたりは七右衛門嵓《ぐら》と呼ばれ、六甲山頂にある石の宝殿の神様の遊び場とされている。大《おお》台《だい》ケ原《はら》の大蛇嵓《だいじゃぐら》が登山者の間でよく知られているように、「嵓」はこの場合、岩場のことと考えてよいであろう。

「嵓」は、一般的に音読みでは「ゲン・ガン」、訓読みでは「けわーしい」であるから、「くら」は特別な読み方となる。私が思うに、これは磐座《イワクラ》の「くら」から派生したのではないだろうか。『広辞苑』によれば、「座」の意味のひとつとして

「岩壁や岩山。または岩壁にある洞窟。こういう場所を神座（かみくら）として祭ったことからいう。岩座（いわくら）」

とあるからである。

アドベンチャーコース

3

仁川渓谷《にがわけいこく》スリル満点岩めぐり

忘れられた岩場を訪れるベテラン向きコース

ルート概要　仁川渓谷には古くから岩場が点在しているが、現在ではほとんど登られていない。むしろ六甲では数少ない沢登りの場として知られるが、堰堤《えんてい》も多く沢登りとしては一貫性に欠ける印象がある。ここでは本格的な沢登りでなく登山靴で遡行《そこう》できるルートを紹介しよう。ただし道がわかりにくく、岩をトラバースしたり、川を渡渉《としょう》したりと難度が高い。渇水期を除いて靴が水に浸かるため、替え靴下やぞうりの準備も必要。

コースタイム

阪急仁川駅 →（20分）→ 百合野橋 →（5分）→ ムーンライト →（3分）→ 岩のテラス →（15分）→ オープンブック →（5分）→ しるべ岩 →（5分）→ 大井滝堰堤 →（10分）→ バットレス分岐 →（7分）→ 広河原休憩所

- ムーンライト ⇄ 三段岩（往復10分）
- 岩のテラス ⇄ ウォーターゲート（往復10分）
- バットレス分岐 ⇄ バットレス（往復10分）

歩行時間	歩行距離	難易度	疲労度
約1時間40分	約3.5km	★★★	★★☆

岩レベル

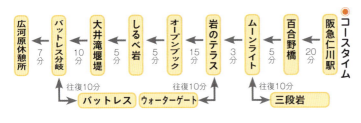

さっそく川の渡渉から

阪急仁川駅を山側に降りると左手に仁川が流れている。左岸の道を上流に向かって20分ほど歩くと、道が行き止まりになり、百合野《ゆりの》橋がかかっている。橋を渡ると右岸に川に降りる階段が見えるが、降りずに右岸沿いの道**1**を進む。

百合野橋から仁川渓谷の入口

最初に目指す岩**ムーンライト2**は、百合野橋から5分程上流の左岸にあるため、途中で川を渡渉する必要がある。今後も何度か川を渡るが、水深は先に進むにしたがって増えるので、ここでためらうようであれば思い切って引き返し、地すべり資料館を経由して甲山森林公園に至る一般コースに変更しよう（P.106 イラストマップ参照）。

ムーンライト（月の光）とはロマンチックな名前だ。しかし、私には左を向いた豚の横顔に見えるが、どうだ

水辺のムーンライト。高さ約10m

ろうか。

三点確保でムーンライトを登る

続いて登る**三段岩**はムーンライト左手（写真2の豚の鼻先）の側面3にある。ちょっとした岩登りになるが、三点確保（両手両足をそれぞれ安定した支持部に置き、そのうち3ヶ所で体を支え、片手か片足のいずれか1点だけを動かして登る岩登りの基本）で慎重に登ろう。後でまたここに戻るので、決して無理をせず、自信がなければい

3

ムーンライトの側面の三段岩への登り口

さぎよく断念しよう。

4

ムーンライトの上の広場

ムーンライトの上は広場4になっていて、仁川の渓流を眺めながらここで休憩するのも気持ちがいい。

写真4中央の岩を回り込む形で道が上流に向かって伸びているので、道なりに行けばすぐに三段岩の下5に出る。三段岩は高さは約20《メートル》、ムーンライトの

風化したスズメバチの巣がかかる三段岩。高さ約 20m

5

2倍の高さがある。

岩のテラスが岸壁に2ヶ所あることから、頂上を含めて三段岩と呼んだものと推定される。

古びたシュリンゲ（重いものをぶら下げたりする時に使う紐状の道具）などがところどころにぶら下がり、訪れる人もほとんどいない古《いにしえ》の岩場である。

岩のテラスで一息、ちょっとした沢登りへ

三段岩からの先の道は廃道となっているので、いったんムーンライトの下まで引き返そう。岩を降りるのは危険がともなうのでくれぐれも注意しよう。

ムーンライトを降りて上流に進むと、すぐに右岸全体が岩となって川岸まで張り出しているところがある。巨大な岩だが傾斜はゆるやかなので休憩場所にぴったり。私はこれを**岩*のテラス** 6 と呼んでいる。

岩のテラスから上流に少し進むと小さな堰堤があり、そのそばに象の2本の前足に似た岩**象*の足** 7 がある。

7
堰堤のそばにある象の足

6
岩のテラス。岩は上部・奥にも広がっている

8
右岸のウォーターゲート（水門）

堰堤を越えてさらに進むと、**ウォーターゲート** 8（水門）が現れる。ただし水量が多い時はウォーターゲートへの遡行は無理なので、岩のテラスに戻り、イラストマップ（P.106参照）にしたがって**しるべ岩***（P.103参照）を目指そう。

9
左岸のパール。仁川渓谷最大の岩場で、高さ約40m

またこの左岸には、**パール**9と呼ばれる高さ約40㍍の仁川渓谷最大の岩場がある。

本格的な沢登りを避けて鎖場《くさりば》を慎重に登る

ウォーターゲートから先は本格的な沢登りとなるため、岩のテラスまで引き返し、右岸の道10を通ることにする。

岩のテラス上部の登り口を直進すると、程なくして鎖場11が現れる。まずは鎖の安全性を確認し、鎖に頼りすぎず補助程度に使いながら、慎重に足を運んで登ろう。鎖場を登るのに危険を感じたら、いさぎよく百合野橋まで引き返し、地すべり資料館経由で甲山《かぶとやま》森林公園を目指そう。ロスタイムはほんの10分程度、大ケガをするよりマシである。

ここを過ぎると、**オープンブック**12 13と呼ばれる岩が対岸に見える。文字通り、本を広げた格好をした岩で、さらにその上の岩は**摩天楼**《まてんろう》12と呼ばれている。

10
岩のテラスの上部にある登り口

11
鎖場。ここを慎重にトラバースする

12
オープンブック（左下）高さ約 10m と、摩天楼（中央）高さ約 15m

オープンブックを側面からアップにしたところ

13

14
赤テープが巻かれた木。ここを水平方向に前進

登山道に合流して、ちょっと一息

オープンブックを過ぎると、写真14のような赤テープの目印が巻かれた木がある。シダ類が茂って道が隠れているが、ここはU字谷のような地形をトラバースする。これから先、登山路はほぼ水平方向に伸びているので下に向かう分岐はすべて無視しよう。

やがて、甲山森林公園から仁川上流の広河原に向かう登山路15に合流する。甲山森林公園展望台の北休憩所までは5分程度の距離なので、エスケープルート（非常時の避難用や危険回避のための道）として利用できる。

登山路の分岐点。中央の木の右側が百合野橋に向かう道、奥に岩の頭がのぞいている左側の道が広河原に向かう道である

分岐点のすぐ下には岩がいくつか集まっていて、その中に台座に置かれたような岩がある。私はこの岩を＊**しるべ岩**16と呼んでいる。緑あふれる景色を眺めながらひと休みするには絶好のポイントだ。

しるべ岩

川渡りの地点を慎重に選定

ここから、仁川の大《お》井《い》滝堰堤17を目指し、川原まで下降する。下降地点付近には明確な道がないが、堰堤直下は断崖であるので、堰堤から離れた経路を選ぼう。

川原まで降りたら、左岸へ渡る。渡渉地点は水深に応じて判断すればよいが、堰堤の上だけは極めて危険

大井滝堰堤。危険なので近づかないこと

大井滝堰堤上流の渡渉地点

であるので絶対に歩かないようにしてほしい。写真18は、小ぶりの石が飛び石状に置かれている堰堤上流の渡渉地点である。靴が濡れないことにこだわりすぎると、バランスを崩して川の中に転倒といった事態も起こりうる。ここは、靴が丸ごと水に浸かっても良しとする大らかな気持ちで臨んだ方が安全面ではベターである。

左岸に渡ってからは、藪《やぶ》をかき分

この岩をトラバースして直進

けながら上流に向かって少し進むと巨大な岩に行く手を阻まれる19。この岩の側面をトラバースし、さらに上流に向かって進む。

途中、コンクリート製の階段が上方に向かって伸びているが、これは仁川6丁目付近の車道に出る道である。下山の時、大井滝堰堤付近の渡渉に支障がある場合のエスケープルートとして覚えておこう。所要時間は約10分である。

仁川バットレス分岐。左に行くとバットレス、右（直進）に進むと広河原

名岩壁・バットレスを経てゴールへ

やがて小さな堰堤が下に見えてくると、その先に無粋な工事用の手すりが設けられた分岐20がある。ここを左に降りたところが有名な**仁川バットレス**21である。バットレスとは胸板のような壁のことで、山頂や稜線の直下にあって、それを支えるように切り立っている岩壁や岩稜

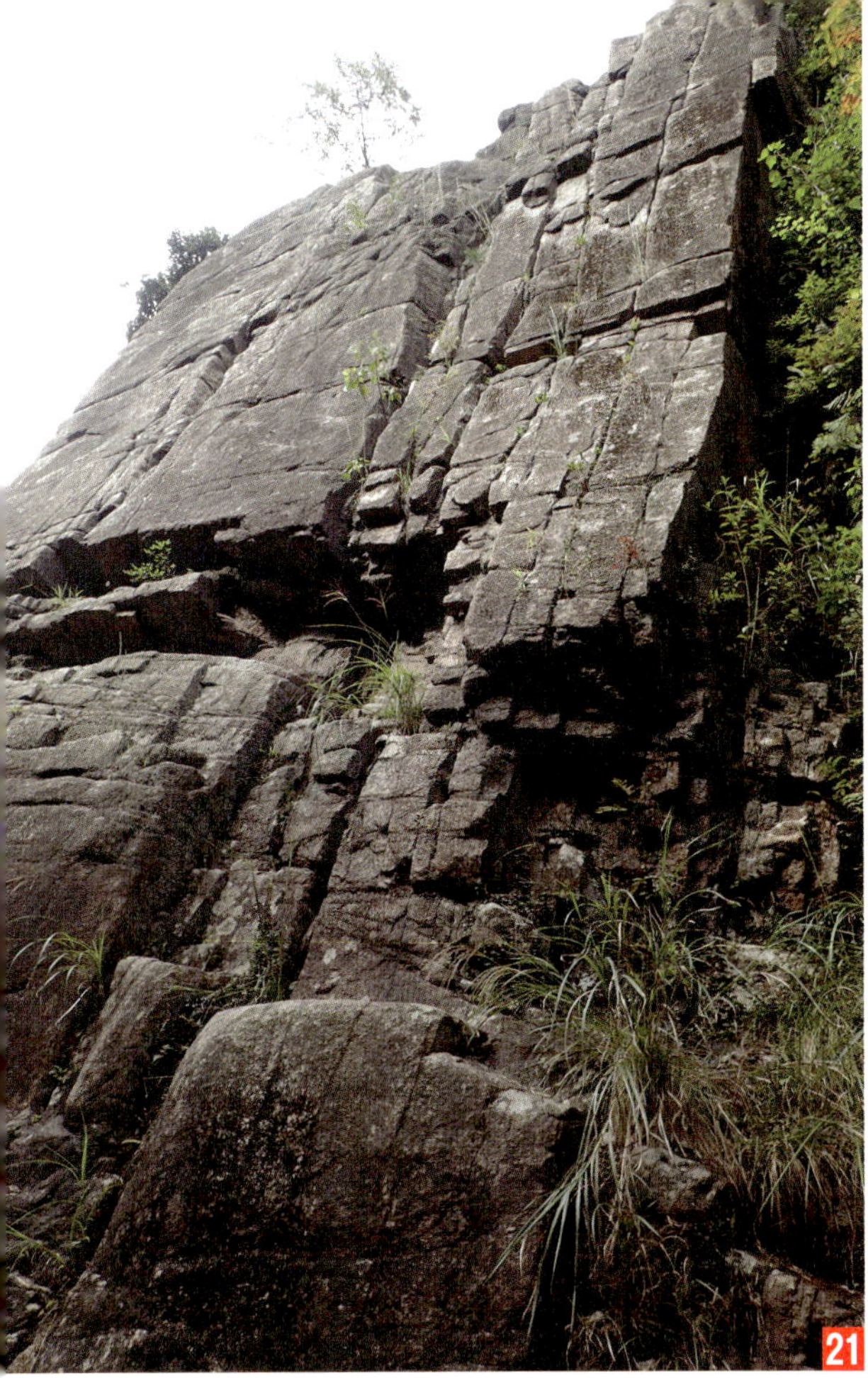

方形節理の仁川バットレス。高さ約20m

バットレスの下流近くの川原。前方に水道管が見える

を指す。

川原に降り立つと、上流に水道管が見える。バットレスはそのあたりにあるので、岩壁を見るには川に入るしかない。写真22の前方の岩を乗り越えると水深が浅くなっているので、あまり水につからなくてすむ。

バットレスを見てから再びもとの分岐点に戻ると、その先にバットレスの頂部の露岩が見えている。その方向に少し歩くと2又に分かれる分岐があり、左の道をたどると本コースのゴールである広河原23に到着する。

広河原の上流は前方を囲むように車道（市道）が通っている。車道に出て右に向かえば仁川市街方面、左に向かえば神呪寺《かんのうじ》方面に至る（P.106イラストマップ参照）。

甲山をバックに茫漠たる広河原。緑の風が気持ちいい

【アドバイス】

繰り返すが、ルートが複雑で岩場や川の渡渉も多い難度の高いコースである。熟練した山登りの技術と知識が必要。もちろんベテランでも無理は禁物。

【アクセス】

阪急今津線・仁川駅から百合野橋まで約 20 分。

第 3 部

六甲岩めぐりハイキング

岩アラカルト

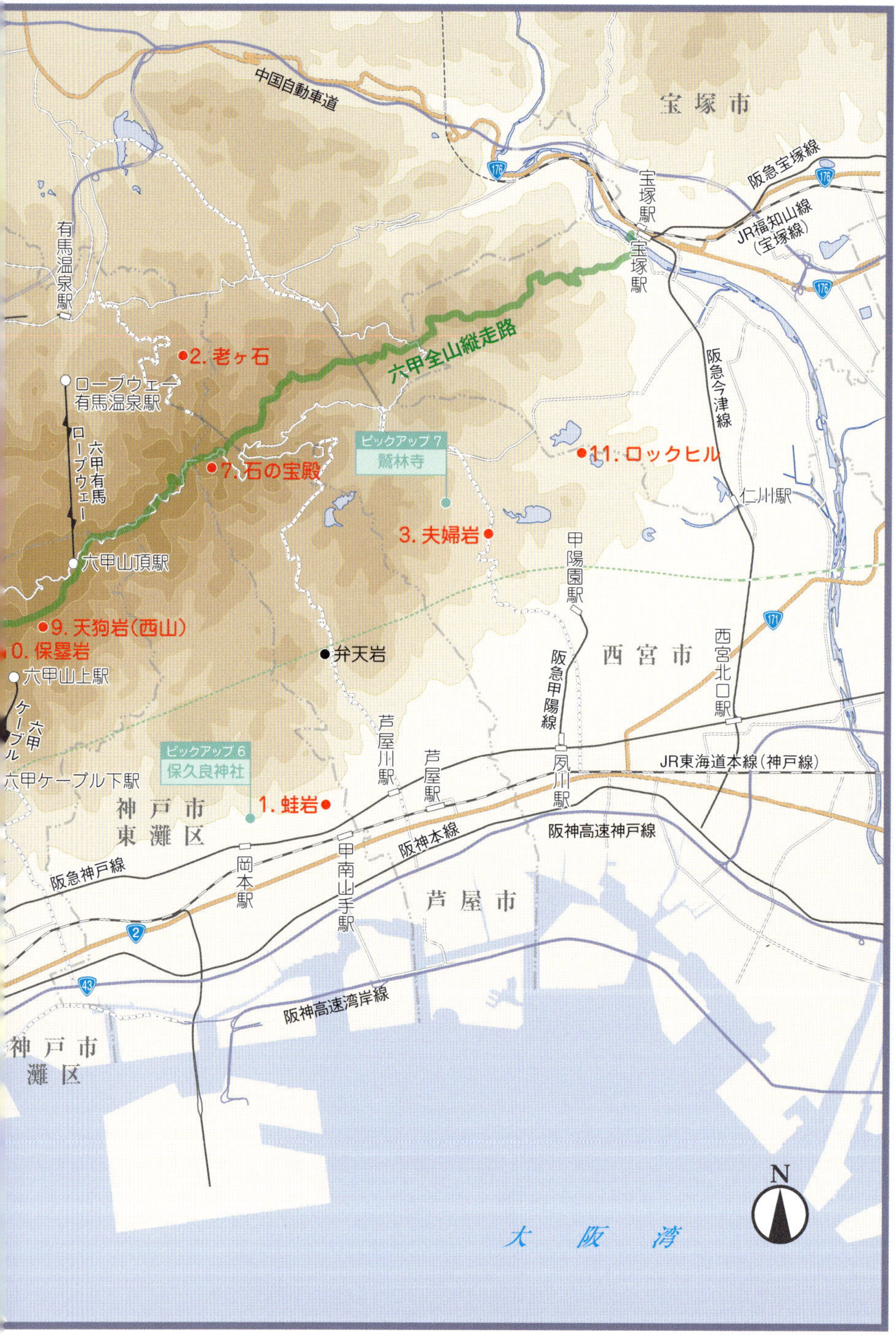
中国自動車道
宝塚市
阪急宝塚線
宝塚駅
JR福知山線（宝塚線）
宝塚駅
有馬温泉駅
2. 老ヶ石
六甲全山縦走路
ロープウェー有馬温泉駅
六甲有馬ロープウェー
阪急今津線
ピックアップ 7
鷲林寺
11. ロックヒル
7. 石の宝殿
仁川駅
3. 夫婦岩
六甲山頂駅
甲陽園駅
9. 天狗岩（西山）
0. 保塁岩
弁天岩
西宮市
六甲山上駅
阪急甲陽線
西宮北口駅
六甲ケーブル
芦屋川駅
ピックアップ 6
保久良神社
芦屋駅
夙川駅
JR東海道本線（神戸線）
六甲ケーブル下駅
1. 蛙岩
神戸市東灘区
阪神本線
阪神高速神戸線
岡本駅
甲南山手駅
阪急神戸線
芦屋市
阪神高速湾岸線
神戸市灘区
N
大阪湾

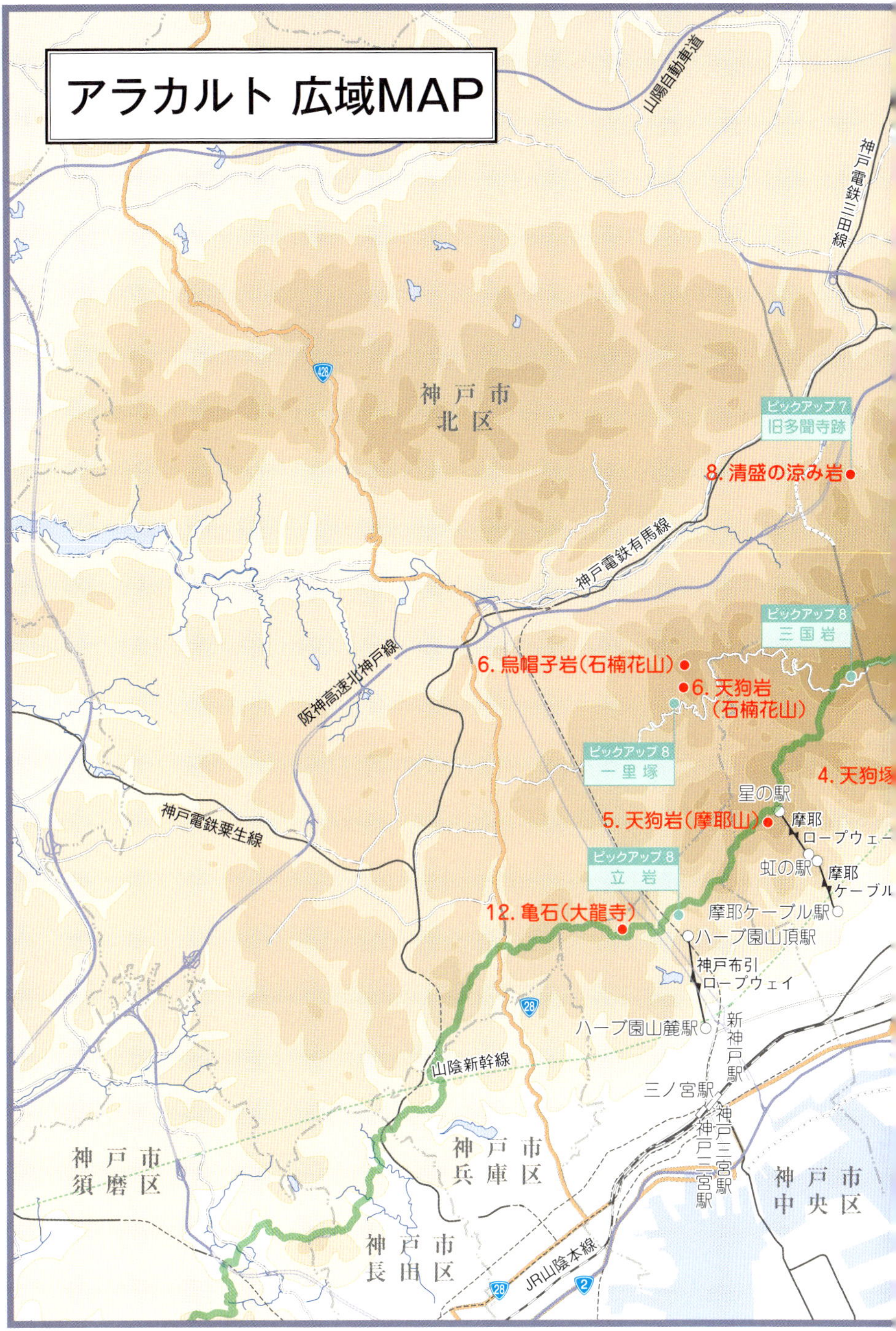

アラカルト 広域MAP
山陽自動車道
神戸電鉄三田線
428
神戸市
北区
ピックアップ 7
旧多聞寺跡
8. 清盛の涼み岩
神戸電鉄有馬線
ピックアップ 8
三国岩
阪神高速北神戸線
6. 烏帽子岩（石楠花山）
6. 天狗岩
（石楠花山）
ピックアップ 8
一里塚
4. 天狗塚
星の駅
摩耶
ロープウェー
5. 天狗岩（摩耶山）
神戸電鉄粟生線
ピックアップ 8
立岩
虹の駅
摩耶
ケーブル
摩耶ケーブル駅
12. 亀石（大龍寺）
ハーブ園山頂駅
神戸布引
ロープウェイ
28
ハーブ園山麓駅
新神戸駅
山陰新幹線
三ノ宮駅
神戸三宮駅
神戸三宮駅
神戸市
須磨区
神戸市
兵庫区
神戸市
中央区
神戸市
長田区
28
JR山陰本線
2

岩アラカルト

1

蛙《かえる》岩（会下山《えげのやま》）

蛇に襲われる蛙を救うため、山の神が岩に変えた

蛙岩は、かつて深江の浜から有馬温泉に六甲山を越えて魚を運んだことからその名がつけられた魚屋道《ととやみち》の道沿いにある。近くには弥生時代の高地性集落である会下山遺跡がある。古書によれば蛇巻岩とも呼ばれていたそうで、そう言われれば、岩の上部が蛇の頭、下部がとぐろを巻いているように見えてくる。敵対する蛇と蛙、正反対の見方ができるのがおもしろい。さらに古い昔の絵図を見ると「狼岩」と記されているそうである（文献④）。

【アクセス】

阪急芦屋川駅北側の広場から北に向かい、芦屋川にかかる開森橋前の交差点を左折、北西方向に道をたどり山手中学校を目指す。中学校の前の道を巻くように山側に向かって登ると、右手にお堂が見えてくる。登り口はそのお堂の北側にある。駅から蛙岩まで約 45 分。

蛙岩には、このような民話が遺されている。

昔、六甲山に驚くほど大きな蛙が住んでいた。飛ぶと地響きがし、泣くと木の葉がふるえた。気のいい大蛙は、何も恐れることなく毎日のんびりと暮らしていた。

ある日のこと、大蛙は大蛇が自分の命を狙っていることを耳にした。それからは、少しのことでも怖がり、びくびくして暮らすようになった。

その大蛇が六甲山の梅谷にやってきた。スルと地面に体をすべらし、鎌首をもたげて大蛙を飲み込もうとした。大蛙はもう逃げられないと、死を覚悟して目をつぶった。ところがその一瞬、大蛙は岩になった。六甲の山の神は、日頃おとなしい大蛙を哀れに思い、そのままの姿で岩にされた。大蛇は、岩になった大蛙に歯も立たず、くやしがってここに住むことにした。

それからしばらくして、村人がたきぎを取りに山に来た。蛙岩のところで一休みしたが、ついうとうとと昼寝をしてしまった。ふと目をさますと、大蛇が蛙岩に巻きつき上からこちらをうかがっている。村人は、命からがら逃げ帰った。

このことが村中に広まり、若い衆が蛇退治に出かけた。梅谷に着いて大蛇を探したが、どこにもいない。ふと蛙岩を見ると、大蛇が蛙岩に巻きついたままで岩になっていた。山の神は、大蛙だけでなく、大蛇も分け隔てなく岩にしてしまわれた。

それからは、蛙岩は蛇巻岩とも言われるようになった。梅谷の蛙も蛇も仲良く岩となった身では、争うすべもなく平和な日々を送った。（文献③より要約）

〈文献〉

①山下道雄『新しい六甲山（山溪文庫12）』山と溪谷社、1962年
②直木重一郎「六甲－摩耶－再度山路図」関西徒歩会、1934年
③三好美佐子『芦屋の民話』1999年
④『あしや子ども風土記　伝説・物語』芦屋市教育委員会、1992年

Pick Up
エッセイ

6

保久良《ほくら》神社の磐座《イワクラ》

古代祭祀《さいし》の遺物が出土

保久良神社の本殿

阪急岡本駅の北側、金鳥山《きんちょうざん》中腹に位置する保久良神社は、摂津《せっつ》の延《えん》喜式内社《ぎしきないしゃ》であり、弥生後期の銅戈《どうか》などが出土し、遺物の存在する岩石信仰の場として有名である。由緒書《ゆいしょがき》によれば、昭和13年（1938）に社殿を改築した際、社殿を取り巻く岩石

図2　神生岩（神鳴岩、雷岩）

図3　本殿裏の玉垣に囲まれた磐座群

図1　ストーンサークルの中心をなす立岩

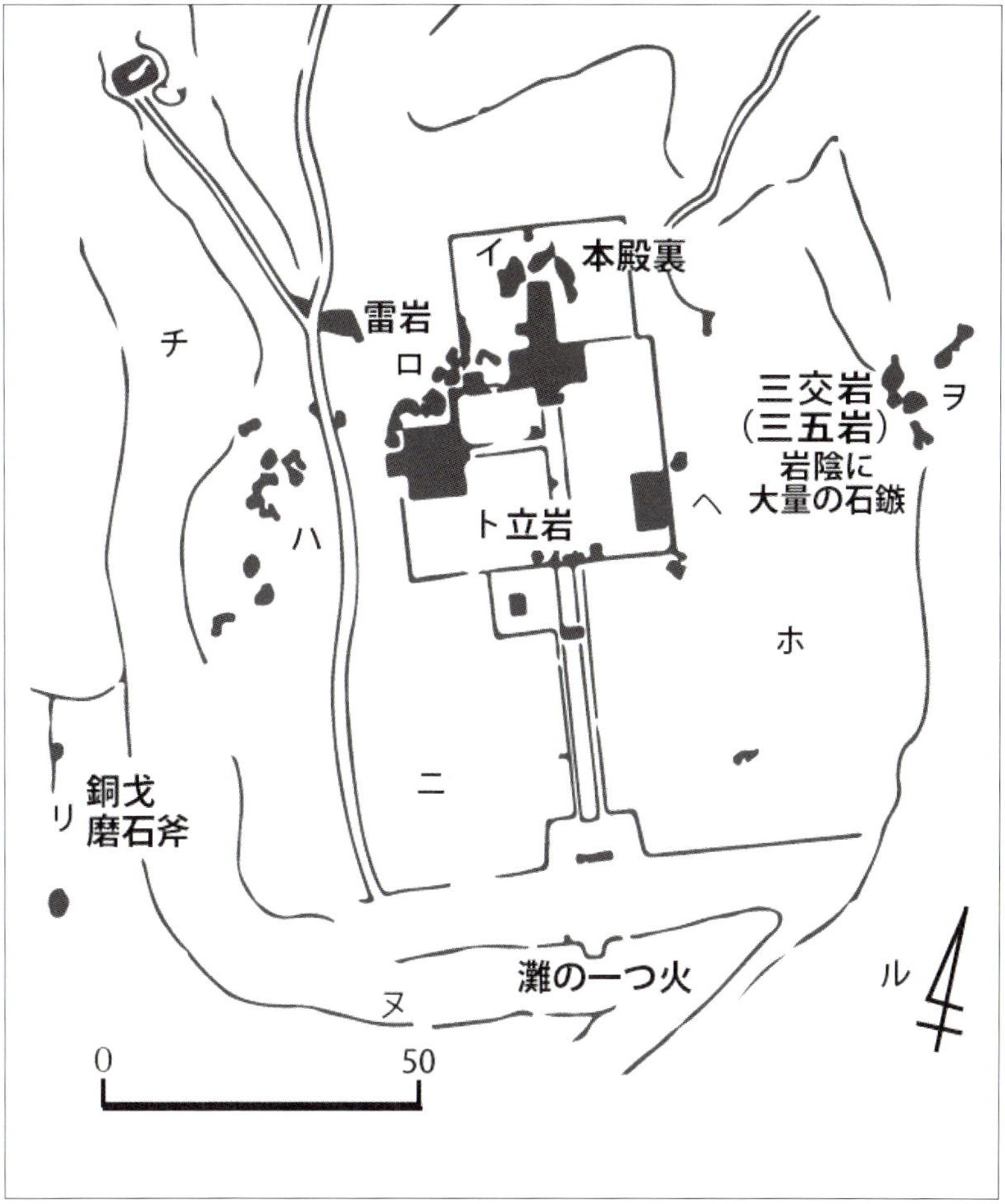

図4　保久良神社遺跡の巨岩と遺物の分布図。石鏃、土器片は、ほぼ一様に分布している（樋口論文※1をもとに筆者作成）

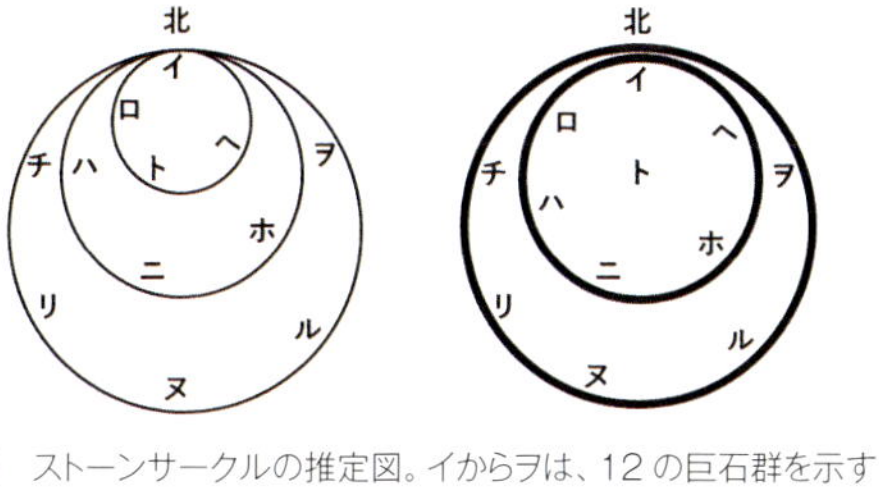

図5　ストーンサークルの推定図。イからヲは、12の巨石群を示す（樋口論文※1をもとに著者作成）

群（図1〜3）が岩座《いわくら》（ママ）を作っていることがわかり、周辺から弥生中・後期（紀元前200〜紀元200年頃）の土器・石器が多数出土。昭和16年（1941）には銅戈も発見されて、古代祭祀の遺跡地として認められたということである。

このことを裏付けるものとして、樋口清之《ひぐちきよゆき》氏の詳細な論文[※1]がある。樋口氏は、保久良神社とその周辺に分布する立《たて》岩、三交《さんご》岩（三五岩）、神生《かみなり》岩（雷岩）を含む巨石群（**図4**）を磐境《いわさか》と認定し、**図5**のような二重または三重のストーンサークルを推定している。

表・六甲に典型的な高地性遺跡

巨石の石質は石英粗面岩《せきえいそめんがん》と緑泥片岩《りょくでいへんがん》で、そのほとんどは自然の露出によるものではなく、他所から運ばれてきた石とされている。有名な銅戈（樋口氏の論文では銅剣となっているが、これは誤り）は、神社の南西の登り口付近にあった岩のそば（**図4**の「リ」付近の×印地点）から検出されたが[※2]、今はその岩はない。岩は大きさ0・8メートルほどで、銅戈は岩の東側の地表

図6　三交岩（三五岩）。この岩陰から多数の石鏃が出土した

下1メートルのところで2個の石鏃《せきぞく》とともに大量の木炭に混じって検出されたという。銅戈・石鏃の他には、4個の磨製石斧《ませいせきふ》が出土している。

他に注目すべきは**図4**「ヲ」群にある三交《さんこ》岩（**図6**）であろう。この岩陰からは、岩陰祭祀を彷彿《ほうふつ》とさせる大量の石鏃が出土している。樋口氏は、保久良神社遺跡は信仰的な収蔵遺跡（votive hoards）であり、一種の「かむのほくら」（『先代旧事《せんだいくじ》本紀《ほんぎ》』）的な意味をもつものと述べている。しかし、樋口清之氏の磐境論には、大場磐雄《おおばいわお》を[※3]はじめとして異論もある。

図7　弥生時代の高地性集落、会下山遺跡

その後昭和37年（1962）、保久良神社の裏山にあたる、本殿から北約100メートルの地点（金鳥山遺跡）でも土器が出土し、ピット（小規模な穴状の遺構）が検出された。報告者の石野博信《いしのひろのぶ》氏によれば、金鳥山遺跡に見られる土器様式の特徴は、芦屋市の会下山《えげのやま》遺跡（**図7**）、神戸市の伯母野山《おばのやま》遺跡等の典型的な表六甲山系の高地性遺跡に共通するもので、保久良神社遺跡もこれに類するものと推定している。[※4]

《注》

※1　樋口清之「摂津保久良神社遺跡の研究」『史前学雑誌』14巻2・3合併号、史前学会、1942年、P.41～88

※2　石野博信「保久良神社遺跡」『兵庫県史　考古資料編』、1992年、P.197～199

※3　大場磐雄「磐座・磐境等の考古学的考察」『考古学雑誌』32巻、日本考古学会、1942年、P.397～398

※4　石野博信「神戸市金鳥山遺跡」『古代学研究』第48号、1967年、P.8～12

老《おい》ヶ石（大石）

切ると血を流すと言い伝わるたたり石

地元では大石と呼ばれ、高さ7㍍、横幅15㍍もあり、3分の2は地下に隠れているという巨石。かつては大己貴命《おおなむちのみこと》、少名彦命《すくなひこなのみこと》、猿田彦命《さるたひこのみこと》の三神がまつられていた。また岩の上には大岩竜王大神と刻まれた地蔵尊のような形の石をまつる祠《ほこら》もあったという。この岩に触れると老《ふ》けるとか、切り出そうとすると石が血を流し、石切り人が狂死したという伝承がある。石が血を流す逸話は多くあり、全国的に分布する「たたり石」である。

【アクセス】
阪急宝塚から、阪急バス蓬莱峡経由有馬行きに乗車し「船坂橋」で下車。橋を渡り川の左岸沿いの車道を上流に向かって進む。道は途中で登山道に変わるが、林道なので道は広々としている。やがて現れる巨岩が老ヶ石である。バス停から老ヶ石まで約 30 分。

岩アラカルト

3

夫婦岩《めおと》

県道の真ん中をふさぐ奇妙な岩

鷲林寺《じゅうりんじ》付近の県道大沢《おおそう》西宮線のど真ん中に居座る2つに割れた巨岩で、割れ目からは木が生えている。藤本浩一氏の『磐座《いわくら》紀行』によれば甲山の寺を焼こうとした悪神をまつった岩ではないかという。だとすれば、これはたたり神信仰に類するものであろう。しかし、夫婦岩はむしろ心霊スポットとして有名である。幽霊や妖怪の目撃例から、岩を排除しようとすると関係者が怪死するなどという都市伝説まで、噂には事欠かない。

【アクセス】

バス利用：阪急夙川駅から鷲林寺行きの阪急バスに乗り、「鷲林寺」で下車。元来た道を南に３分程引き返すと、道路の中央に夫婦岩がある。

ハイキング：北山貯水池から西方に向かって道路を進むと、前述のバス道に合流するので、そこから南に歩いていく。

天《てん》狗《ぐ》塚《づか》

数ある六甲山の「天狗」岩のうち唯一の「塚」

さえぎるもののない抜群の展望台にそびえる天狗塚は、1910年測図の『正式二万分一地形図集成』に登場する古くからある岩である。1836年の『摂津国名所大絵図』にも「天狗岩」の名でそれらしき岩が出ている。六甲山には天狗岩がやたらとあるが、天狗「塚」はこれ1つである。またこの岩には、近くに立っていた大きな松の枝に天狗が座っていて、山頂へ登る者を虐《しいた》げたという伝説が残っている。

【アクセス】

阪急六甲駅から北へ上がり、広いバス道に出たら西へ向かう。六甲川に架かる橋を渡って山側に向かって登ると六甲学院があり、さらに北に登りつめたところに高台がある。天狗塚への登り口はその東にある。登山口まで駅から約 45 分、さらにそこから天狗塚まで約 1 時間。

天《てん》狗《ぐ》岩（摩《ま》耶《や》山《さん》）

天狗を封じ込めたという伝説の残る磐座《イワクラ》

摩耶山の天狗岩は山頂にあり、かつて僧が山中に出没する天狗を封じ込めたという伝説が残っている。行者岩とも呼ばれ、古くから山岳信仰の磐座だったと思われる。磐座のそばにある石丸猿田彦大神の石碑は、ここでは猿田彦が鼻の高い大男で、天狗のモデルになったことを感じさせる。猿田彦は日本神話における天孫降臨の際、地上で道案内をしたと伝えられる地神で、道祖神にもなっている。

【アクセス】
摩耶ロープウェー利用：星の駅（山上駅）を降りて広場の北に向かうと、バス道がある。その道を西に向かうとすぐ左手に小山が見える。天狗岩はその山頂にある。
ハイキング：阪急王子公園駅から、三角点のある摩耶山山頂を目指す。駅から約２時間半。

岩アラカルト
6

江戸時代の百科事典に載った岩
『和漢三才図会《わかんさんさいずえ》』に登場する岩

烏帽子岩（石楠花山）の後部

『和漢三才図会』は漢方医・寺島良安により編纂された類書（百科事典）で、江戸中期の正徳2年（1712）に成立した。105巻81冊に及ぶ大著で、和漢の事象を天・人・地の3部構成で考証し、挿絵や古地図を添えている。その第74巻の「摂津之図」に石楠花山《しゃくなげやま》の烏帽子《えぼし》岩と天狗《てんぐ》岩が記載されている。これは六甲山の岩の記録としては今のところ最古のものである。古地図における岩の記載は極めて珍しく、これらの岩が特別な意味を持っていたことが想像される。

【アクセス】

神戸電鉄谷上駅から炭ヶ谷を1時半程登りつめた峠に烏帽子岩が記載された案内板があり、そこから約5分で烏帽子岩にたどり着く。天狗岩へは、烏帽子岩から引き返して石楠花山の三角点を経由し、林道に出る。林道の広場から7分程歩けば天狗岩に至る。

『和漢三才図会』「摂津之図」（部分、国立国会図書館データベースより）

天狗岩（石楠花山）北峰

岩アラカルト

7

石の宝殿《ほうでん》

古くからの山岳信仰の修行場

石の宝殿付近の豊徳大神をまつった磐座

石の宝殿

西宮神社の氏子により慶長18年（1613）に建立された。それ以前は六甲修験《しゅげん》の行場の一つで、祭神が白山の神・菊理媛《きくりひめ》であることなどから、白山系の山伏が開いたと思われる。かつて山中には八十八の社があり、その中心である石の宝殿から神々が四方の山に修行に出たとも伝わる。また芦屋川と住吉川の分水嶺にあたり、雨乞いの地でもあった。

なお、付近にも豊徳大神をまつった2つの巨大な磐座《イワクラ》がある。

【アクセス】

バス利用：阪急芦屋川駅から有馬行きのバスに乗車し、「宝殿橋」で下車。車道を徒歩約25分。　ハイキング：東おたふく山の北にある土樋割（どひわり）峠を目指す。阪急芦屋川駅から峠まで約2時間40分。そこから蛇谷北山を経て約50分で石の宝殿へたどり着く。土樋割峠へは、バス停「東おたふく山登山口」から登る近道もある。

岩アラカルト

8

清盛《きよもり》の涼《すず》み岩

平家ゆかりの寺の跡近くに残る

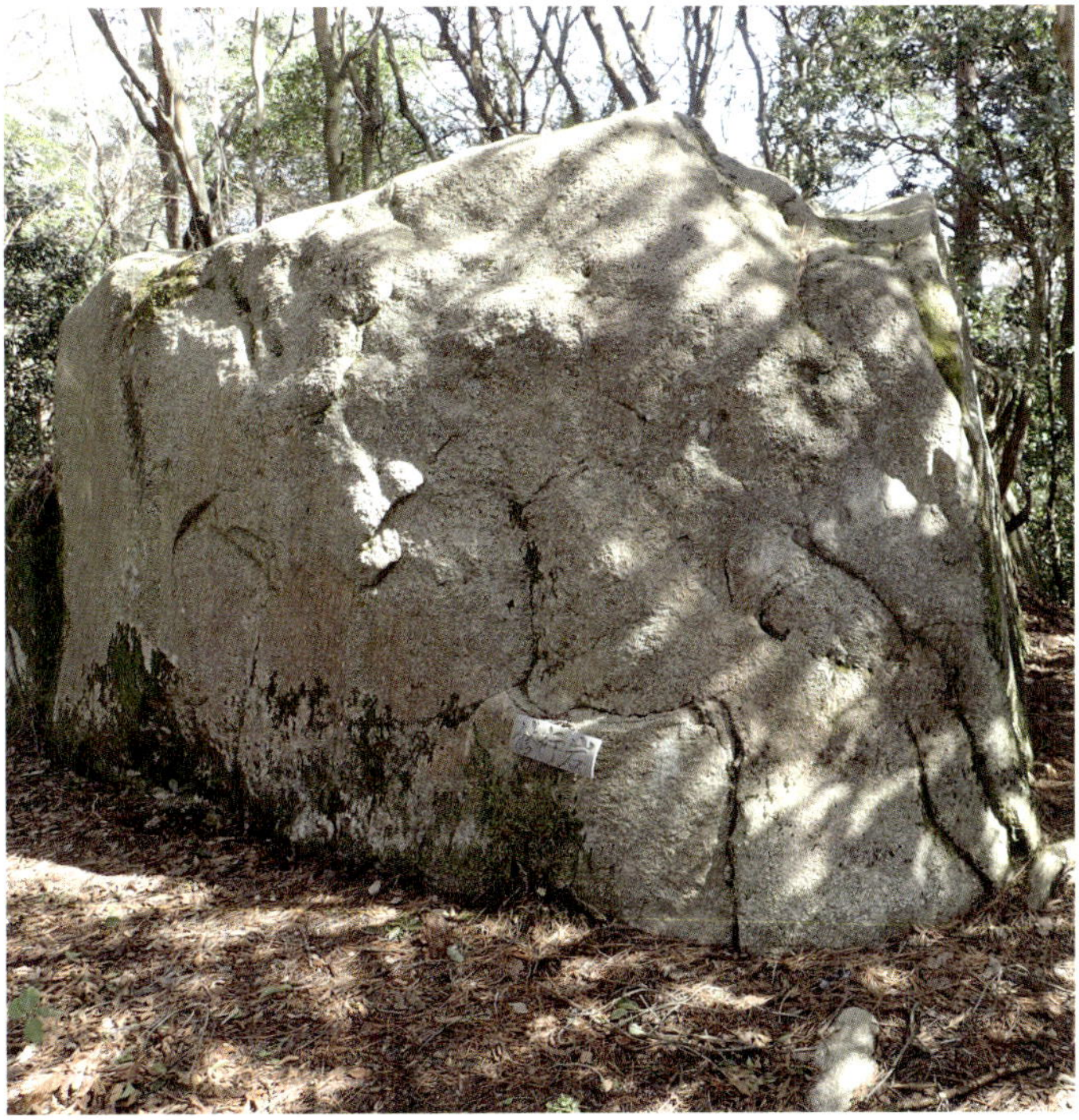

シュラインロードを下りきった北側にある古寺山には昔、多聞寺《たもんじ》という寺があり、平清盛が福原京の鬼門（北東）を護る寺として大切にしたが、後に源義経が平家を攻めた時に焼き払われたという。山頂にあるこの岩の上で清盛が涼んだというのは恐らくフィクションで、岩の看板にもある別名「修行岩」が本来の呼び名であったと思われる。摩耶山《まやさん》の天狗《てんぐ》岩（P.119）と同類の、多聞寺が建つ以前から存在した磐座《イワクラ》だったのではないだろうか。

【アクセス】
神戸電鉄六甲駅から南に向かって車道を歩く。山王神社を経由し祠のあるところで左折し直進すると、道路の下をくぐるトンネルがある。そこに古寺山に至る登り口がある。登り口には「古寺山・上唐櫃（からと）道」の表示板もある。駅より清盛の涼み岩まで約 1 時間。

Pick Up
エッセイ

7

六甲山の修験道《しゅげんどう》

昭和21年（１９４６）発行の『住吉《すみよし》村誌』（住吉村は現在の神戸市東灘区周辺）には、修験道の開祖とされる行者・役小角《えんのおづぬ》が、六甲山を奈良の大峰山《おおみねさん》と同じく日本行者の七修行場の一つとして開発したという記述が見られる。具体的には「鷲林寺《じゅうりんじ》から東六甲を登り頂上の石の宝殿《ほうでん》に至り、それから西して住吉越道を横切り尾根伝いに西六甲の蜘《く》蛛《も》の岩、三国《みくに》岩等の行場に至り唐櫃越《からとごえ》を下って唐櫃村の修験宿、四《し》鬼《き》山伏の総家に到着するのが、所謂《いわゆる》※1六甲修験道の通路」とあり、鷲林寺から始まる六甲修験の通路があったとされている。山伏総家の四鬼家は、役行者の命によって奈良県吉野郡天川《てんかわ》村洞川《どろがわ》から唐櫃に移り住んだといわれ、唐櫃村と西六甲の山を管理し、同時に六甲修験の山伏たちを管理していた。※2

図１ 六甲山の修験関係の寺院と遺跡（『六甲山の地理』*5をもとに著者作成）

それゆえ、六甲山には修験にまつわる寺院や遺跡が数多く残っている（**図１**）。岩に関して言えば、雲ヶ岩（蜘蛛の岩）・心経《しんぎょう》岩・六甲比命《ひめ》大善《たいぜん》神社（P.57）の他、石の宝殿（P.122）・天狗《てんぐ》岩（P.120）・三国岩（P.132）・清盛《きよもり》の涼《すず》み岩（P.123）・摩《ま》耶《や》山《さん》天狗岩（P.119）などが挙げられる。これ以外にも、観音山の観音岩や石楠花山《しゃくなげやま》の天狗岩も候補に含めてよいだろう。修験と岩との深い関わりがうかがえる。

多聞寺《たもんじ》

多聞寺は、山号を六甲山、本尊を毘沙門天《びしゃもんてん》とする高野山真言宗の寺院である。雲ヶ岩・心経岩ゆかりの法道仙人《ほうどうせんにん》によって孝徳天皇の頃（645〜654年）に開かれたと伝えられる。法道仙人はインドの渡来僧で、摩耶山の天上寺をはじめ、神戸市西区の西明寺・近江寺、宝塚市長谷の普光寺など100以上の寺院を開いたとされる伝説的人物である。

もともと多聞寺の伽藍《がらん》は、現在地の東南にある古寺山にあった。1180年に平清盛が神戸の福原に遷都《せんと》した時、都の鬼門（北東）方向を守る寺院とした。

鷲林寺

鷲林寺は観音山の麓《ふもと》に位置する高野山真言宗の仏教寺院で、山号は多聞寺と同じ六甲山、本尊は十一面観世音菩薩である。寺伝によれば、天長10年（833年）、淳和天皇の勅願《ちょくがん》寺として空海により開創されたという。

修験との関わりとしては、明応4年（1495）の「鷲林寺勧進帳《かんじんちょう》」に役行者が修行した仙窟《せんくつ》があると書かれている。[3]「仙窟」とは鷲林寺境内にある八大龍王の洞窟のことと考えられる。また昭和初期にも、近くの観音山にある旭滝は行者でにぎわっていたらしい。[4]

図2　鷲林寺境内にある八大龍王の洞窟

《注》

※1　谷田盛太郎編『住吉村誌』1946年

※2　仲彦三郎編『西摂大観』郡部、縮刷版、中外書房、1965年

※3　『西宮の山岳信仰』西宮市立郷土資料館、2011年

※4　早栗佐知子「六甲修験とその行場」『久里』24号、神戸女子民俗学会、2009年

※5　田中真吾編『六甲山の地理』神戸新聞総合出版センター、1988年、P.162

天狗《てんぐ》岩（西山）

広がる景色を見渡している大天狗

六甲山に数多く存在する天狗岩の中でも代表格と言っていいだろう。見晴らしのよい高台に立ち、鼻はやや低いが、天狗の横顔らしい形をしている。しかし不思議なことに伝承などは見当たらない。『正式二万分一地形図集成』（1910年測図）では、岩場マークのところに標高の記載はあるが名前はなく、このことから、「天狗岩」の名は近年になってつけられた可能性が高いと考えられる。

【アクセス】
阪急御影駅より山側に向かって住吉川上流にある渦森橋を目指す。渦森橋から10分程歩くと寒天橋があり、そこが登山口となる。寒天橋からは道が3つに分かれているので、「天狗岩南尾根」を選ぶ。そこから丸太の階段を登り続けること約1時間15分で天狗岩に至る。

岩アラカルト

10

堡《ほう》塁《るい》岩

日本で最も古いクライミング用岩場の一つ

芦屋ロックガーデンと並び、国内で最も古くからクライミングが行われてきた岩場である。RCCのメンバーが大正14年（1925）にはじめて登ったとの記録がある。有名な古地図『六甲――摩耶――再度山路図』には「兜岩」と併記され、また竹中靖一『六甲』の添付地図には「御前岩」の名も見られる。なお、岩場は中央稜・東稜・西稜に分かれている。危険な岩場なので、訪れる際はくれぐれも慎重に行動しよう。

【アクセス】

六甲ケーブル山上駅を降りてバス道を左手に約5分歩くと右手に駐車場があり、少し先の左手に「堡塁（ほうるい）」と書かれた小さな表札がある。笹で覆われた細い山道を5分程歩けば、展望の開けた堡塁岩（中央稜）の頂部テラスに至る。

ロックヒル中央の岩にはニコちゃんマークが描かれている

岩アラカルト

11

ロックヒル

甲山の人気スポットにある3つの巨岩

甲山の北側にロックヒルと呼ばれる360度の展望が楽しめるスポットがあり、頂部の東西に3つの巨岩がそびえている。このあたりには昔、仁川ピクニックセンターがあった頃（昭和30年代）に開かれたハイキングコースがあったが、センターの閉鎖にともなって長年放置されてきた。近年再び人気の集まっている場所でもあるが、登山口が非常にわかりにくいので、アクセス方法も少し詳しく紹介しよう。

山側に非常にわかりにくいが分岐がある（**写真C**）。分岐を少し登り、**写真D**のような岩肌が見えたなら正解である。なお、頂上付近のルートはシダ類で隠れているが、上方に進めば問題ない。ただそれらしき道が網の目のように走っているので、帰る時に迷わないよう、進んだ道の特徴をしっかりと覚えておくこと。中央の岩の北側に広い道があるが、遠回りでくねくねとややこしいので、帰りは来た道を戻るのが賢明である。

東の岩。餅を置いたような形がおもしろい。ここへは中央の岩の道を東に進む

西の岩。何かを指し示すかのような岩の先端。中央の岩の北側の道から接近する

【アクセス】

ロックヒルは甲山の北にある標高約 200m の小山の頂上にある。仁川左岸道に登り口があるが、標識もなく極めてわかりにくい。

北山貯水池の北にある阪神バス停「北山貯水池」から甲山の西側を通り、仁川を渡って左岸の道に入る。下流に向かって進むと黄色い木橋がある（**写真 A**）。この橋を越えて 3 分ほど歩くと小ぶりの岩が道の中央に横たわっている（**写真 B**）。この岩から 15 歩ほど歩いて振り返ると、

写真 A　この橋を渡ってから目印の岩をチェック

写真 C　ロックヒルの登り口。ここまでの進行方向から振り返った反対側であることに注意。右上の傾斜がロックヒルに至る道

写真 B　橋から３分程歩くと、道に横たわる目印の岩がある

写真 D　ロックヒルへの岩肌の道

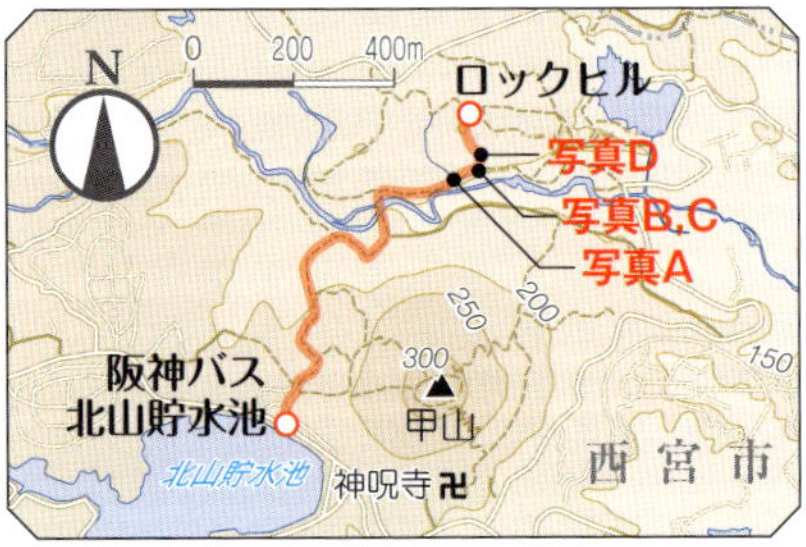

亀《かめ》石（大《だい》龍《りゅう》寺《じ》）

亀を刻んだのは空海か、自然か

大龍寺は神護景雲《じんごけいうん》2年（７６８）、和気清麻呂《わけのきよまろ》によって再度山《ふたたびさん》山頂近くに開かれたとされる。山号は空海《くうかい》が大輪田泊《おおわだのとまり》から唐《とう》へ渡る直前と帰国直後の2度、当寺に参詣したことに由来するという。亀の石はその空海が刻んだとされているが、風化による奇岩ではないかとの説もある。自然にこのような亀らしい形になるものだろうかとも思うが、われわれの想像をこえるような花崗岩の風化形態があるのかもしれない。

【アクセス】

再度山の大龍寺の境内、奥院大師堂の右手にある。　バス利用：JR 三ノ宮駅 からバスで森林植物園か再度山行きのバスに約 30 分乗り、「大龍寺山門前」で下車（冬季運休につき注意）。そこから徒歩約 10 分で大龍寺に着く。　ハイキング：JR 三ノ宮駅から 10 分程バスに乗り「諏訪山公園前」で下車、そこから大龍寺まで徒歩約 1 時間 30 分

Pick Up
エッセイ

8

山論《さんろん》の岩

山野の境界の目印になる岩

山論とは、山野の境界や利用をめぐる村落間の争論のことで、特に江戸時代に頻発《ひんぱつ》した。山野は、具体的には(1)果実等の採取、(2)狩猟、(3)薪炭《しんたん》等の燃料、(4)建築用材、(5)薬や染料、(6)飼料、(7)肥料、(8)鉱物等地下資源の採取や(9)灌漑《かんがい》用水の利用など実に様々に利用されており、農民の生活と生産にとって非常に重要なものであった。そのため、利用範囲を示すために村落間に境界が設けられ、岩はその格好の標識となった。ここでは、六甲山における山論の岩を紹介しよう。

三国岩《みくにいわ》（三石岩《さんごくいわ》）

餅《もち》を斜めに3枚重ねたような形が印象的である。この岩の上に立てば、摂津、播磨、淡路の3国が見渡せることから、三国岩の名がついたと言われる。あるいは3つの国を旧武庫・菟原《うばら》・有馬三郡として「三郡岩」と呼ばれたり、巨岩が3つ集まっている形態から「三つ石」「三石岩」ともいう。※1※2 三石岩は三等三角点の点名にもなっていて、明治時代の大日本帝国陸地測量部の地図※3にもその名がある。

図1　三国岩。六甲山頂、前ヶ辻　三国池近傍にある

この岩は六甲修験《しゅげん》の修行の場とされていたが、山論に関しては、聞きなれない「半国岩《はんごくいわ》」と呼ばれる名で登場する。谷上村と神戸灘《なだ》村との国境にあることからそう呼ばれたらしい。※4 慶長9年（1604）に、山の南（神戸側）十数ヶ村と、北の山田村（今の神戸

市北区）とが山論を起こした際の文書に、この岩の名が見られる。六甲山系には口一里《くちいちり》、中一里、奥一里という地名があるが、半国岩を基点として南西へ塚を築き、それを見通して口、中、奥一里など境界線を定めていたという。[※1] 口一里は表六甲で神戸側の占有権、奥一里は裏六甲で山田村の占有権をもち、中一里の山の中央部は神戸側が山田村側に山年貢を納めることを条件に共有権を有するものとした。この境界線は紆余曲折《うよきょくせつ》を経て、明治の時代まで続いている[※5]（図2）

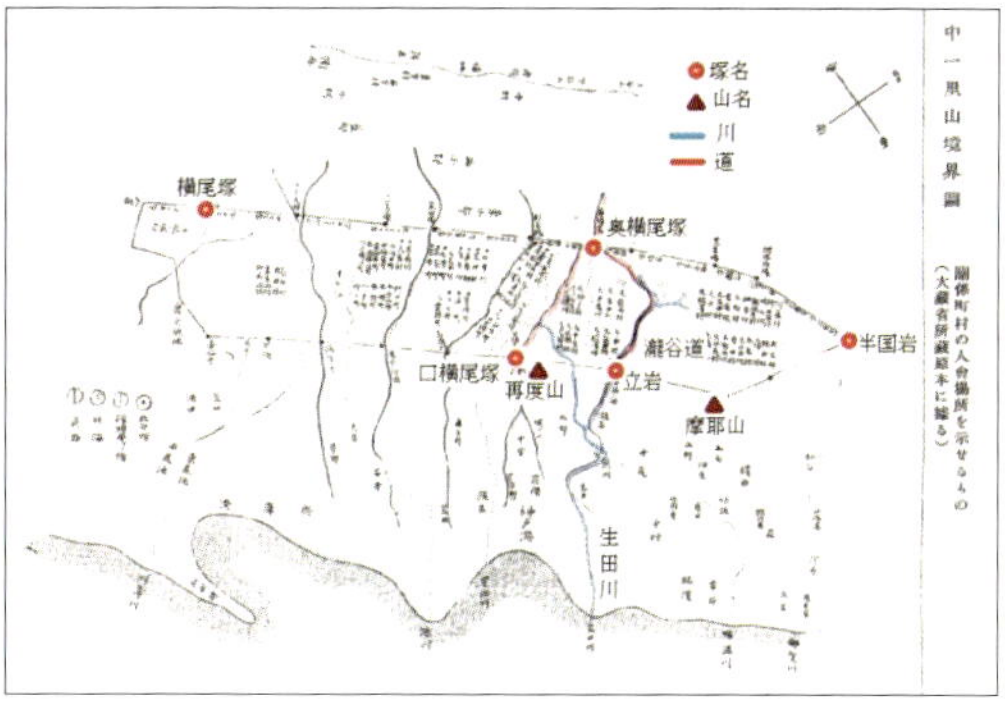

図2　大蔵省地図の中一里山境界図[※5]（大蔵省所蔵原本に、本書に関連する一里塚の位置を示す赤丸と活字を筆者が記入）

立岩《たていわ》

図2の中一里山境界図に示される塚のうち、半国岩は明解だが、立岩が実際のどの岩を指すのかは不明であった。しかしながら、地図から3つヒントが読み取れる。

①立岩は生田川沿いにある
②摩耶山と再度山を結んだ線上付近にある
③立岩から奥横尾塚に通じる山道（瀧谷道）がある

上記の条件を満たす岩として、神戸徒歩会の『再度山史話』[※6]の付図（図3）に記載された立岩がある。神戸徒歩会は、明治43年（1910）に結成された日

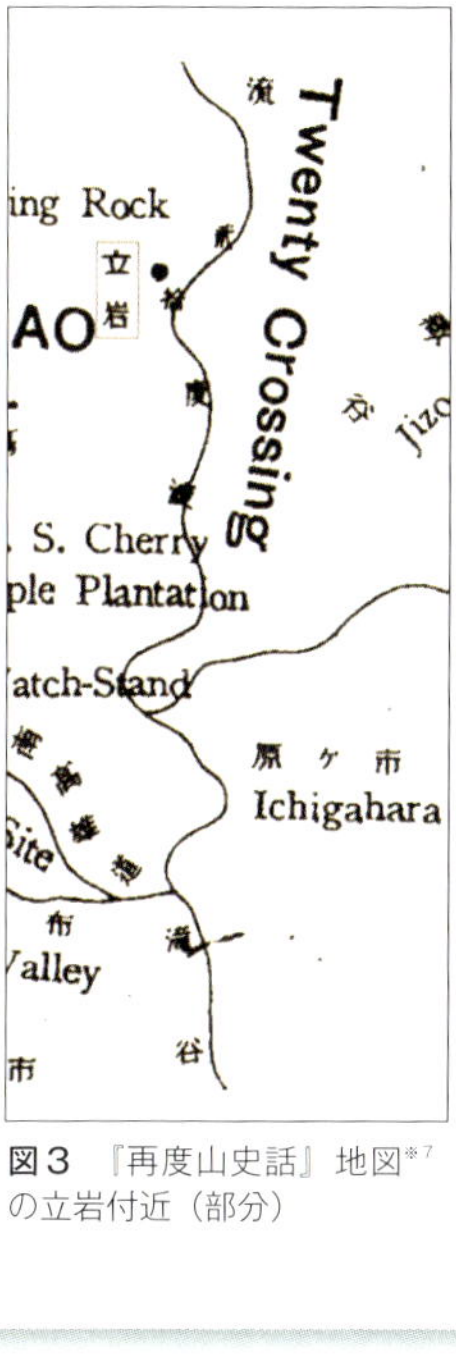

図3　『再度山史話』地図[※7]の立岩付近（部分）

本初の社会人山岳会として知られる。立岩は生田川沿いのハイキング道トゥエンティクロス（Twenty Crossing）の傍にあり、さらに市ヶ原の下には滝谷（滝谷道）の表記が見える。また『神戸区有財産沿革史』[※5]にも、「生田川の上流滝谷道の立岩」の記述があるので、この岩に間違いないだろう。トゥエンティクロスの立岩は、巨大な砂防堰堤《えんてい》の右岸、前方にある。3段の岩が積み重なった形態で、高さは10メートルを越える（**図4**）。

図4　立岩。享保11年（1726）の山論の古証文に登場する

立岩の歴史的背景

享保11年（1726）に起こった、菟原郡芦屋《あしや》の庄3ヶ村と八部《やたべ》郡《ぐん》福原《ふくはら》の庄7ヶ村との郡境と草山境界における山論において、奉行所が出した裁許状[※5]（村上華岳氏所蔵）の中に次のような文言がある。

＊

「……文禄年中検地の節の古證文指出候。草山境は立岩より長尾谷塚まで限り、地元丹生山田庄へ福原庄六ヶ村より山手米相納め候山内にて……
享保十一丙午年十月十九日」

＊

この古証文は、福原の庄が裁判資料として奉行所に提出したものである。文中の「草山」とは、中一里山にある入会《いりあい》の山を指す。つまり、立岩からの長尾谷塚までが中一里山となる。一方、古証文に登場する「長尾谷塚」は石楠花山《しゃくなげやま》の一里塚、つまり大蔵省地図（**図2**）における「奥横尾塚」である。

なお、口横尾塚や奥横尾塚については、奈良時代の条里制にかかわるという説がある。[※5]確かに、横尾は白川方面にも「横尾塚」（**図1**）があり、「横尾」は塚の特性のようなものを示していると思われる。

少なくとも、固有の地名に由来するものではなさそうである。

一里塚（長尾谷塚・奥横尾塚）

では、一里塚は現在、どうなっているのであろうか。

登山家の直木重一郎が作成した直木地図※7（**図5**）を見てみると、長尾谷を登りつめた尾根上に一里塚の塚マークがある。現場に行ってみると、今も確かに塚らしきものが確認できた（**図6**）。

かつては、上谷上字《かみたにがみあざ》坂口《さかぐち》から二ツ下谷《ふたつしただに》をつめて石楠花山の主稜線に達し、それから黄蓮谷《おうれんだに》西方の尾根を下り、生田川沿いに神戸へ出る道があった※8。これこそ大蔵省地図（**図2**）に描かれた「滝谷道」であろう。また、同地図にあるように上谷上字坂口から再度越《ふたたびごえ》への道もあった※9。

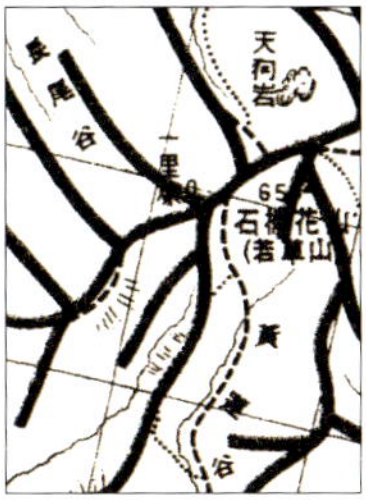

図5　直木地図※7（部分）。長尾谷を上りつめた尾根上に一里塚がある

図6　一里塚（長尾谷塚・奥横尾塚）。底面の直径が約3mの小さな塚である

《注》

※1　神戸市教育委員会編『神戸の史跡』1981年
※2　竹中靖一『六甲』付録地図、朋文堂、1933年
※3　『大日本帝国陸地測量部の地図』1911年
※4　小部史研究同好会著『神戸歴史物語』1989年
※5　『補修　神戸区有財産沿革史』1941年、P.122～127、176
※6　福原潜次郎『再度山史話』付録地図、神戸商業会議所有閑会、1922年
※7　直木重一郎『六甲・摩耶・再度・山路図』関西徒歩会、1934年
※8　『山田郷土誌（第二篇）』山田郷土誌編纂委員会、1979年
※9　前掲『山田郷土誌（第二篇）』

一日プランの作り方

本書に掲載した岩めぐりコースは、いずれも半日で終わる片道分を紹介している。別の岩めぐりコースや一般的なハイキングコースと接している部分も少なくない。体力や時間に余裕のある方は、これらのコースを組み合わせることにより、変化に富んだハイキングのプランを自在に立てることができる。

【登山計画の立案法】

コースの内容については各種のガイドブックや案内書などを参考にすればよいのだが、問題は登山の全所要時間をどのように設定するかである。ここでは、比較的ゆったりとハイキングを楽しみたい人向けのプランの立て方を紹介しよう。

本書をはじめ、一般のガイドブックや案内書に書かれている「歩行時間」は、ふつう休憩時間を含まない。歩行時間が長いほど休憩も必要になってくるので、歩行時間の20％程度をみておこう。昼食時間も好みだが、ここでは一律に0・5（30分）時間とする。そこに予備時間を0・5時間ほど加えたものが、登山の全所要時間となる。

実際にハイキングに出かけてみると、疲れたので昼食を特にゆっくりと取りたいとか、景色をのんびりと楽しみたい、ちょっとした道迷いのロスタイム、たまたま見つけた花や樹木の観察など、思いのほか時間がかかるものである。こうした予備の時間を考慮しながら余裕をもった時間設定をしよう。

つまり、歩行時間が5時間の場合、その他の名目で2時間を加えるので、全所要時間は7時間となる。最寄駅を午前9時に出発して午後4時に戻る計算になるので、ほぼ一日ハイキングを楽しめる。

■計算例……歩行時間５時間のコースの場合

全所要時間＝歩行時間５時間（往復）
＋ 休憩時間１時間（歩行時間×0.2）
＋ 昼食0.5時間
＋ 予備時間0.5時間（標準）
＝ **７時間**

【一日プラン例】

1 北山《きたやま》のボルダーめぐり ＋ 甲山《かぶとやま》周遊と霊場めぐり

（歩行時間　約4時間）

阪急甲陽園《こうようえん》駅→北山のボルダーめぐり→神呪寺《かんのうじ》→甲山→甲山八十八ヶ所→北山→阪急甲陽園駅

ノーマルコース3と6の一部を組み合わせたプラン。特に難しい箇所もなく、近隣の交通機関も整備されているので老若男女が楽しめるコースである。甲山（目《め》神山《がみやま》）八十八ヶ所めぐりは四国霊場八十八ヶ所の写しで、88の石仏が山のあちこちにまつられている。神呪寺の前からバスも出ているので便利。徒歩では、もと来た北山を通って帰る方がわかりやすい。

Check!

- 広域MAP　→P.8
- 北山のボルダーめぐり　→P.32
- 甲山周遊と霊場めぐり　→P.60

2 芦屋《あしや》ロックガーデン地獄谷《じごくだに》 ＋ 荒地山《あれちやま》のボルダーめぐり

（歩行時間　約5時間）

阪急芦屋川駅→高座《こうざ》ノ滝《たき》→芦屋ロックガーデン地獄谷→風吹岩《かぜふき》→黒岩《くろいわ》→荒地山ボルダー群→キャッスルウォール→高座ノ滝→阪急芦屋川駅

アドベンチャーコース1、2を組み合わせたプランで、高座ノ滝を起点とした周回コースである。眺望は素晴らしい。地獄谷はちょっとした沢登りとやせ尾根歩きが含まれる。また荒地山のボルダー群は、岩場歩きなので足元に注意をする必要がある。このプランは総合的に見て経験を積んだハイカーか、もしくはその同伴が望ましい。

Check!

- 広域MAP　→P.8
- 芦屋ロックガーデン地獄谷　→P.68
- 荒地山のボルダーめぐり　→P.84

3　弁天岩《べんてんいわ》と伝承の岩めぐり ＋ 荒地山《あれちやま》のボルダーめぐり

（歩行時間　約5時間）

阪急芦屋川駅→弁天岩→扇岩→荒地山山頂→黒岩→荒地山ボルダー群→キャッスルウォール→高座ノ滝→阪急芦屋川駅

荒地山へはノーマルコース1の弁天岩からも接続できる。弁天岩は雨乞《あまご》い伝承の残る信仰の岩であり、扇岩は古くから名のある巨岩である。荒地山山頂からは、ベテラン向きの荒地山ボルダーめぐりを回避して一般のハイキングルートを選択することもできる。あるいは、八畳岩《はちじょういわ》から短縮版のボルダーめぐり（→P.95イラストマップ参照）を行うこともできる。

Check!

●広域MAP　→P.8
●弁天岩と伝承の岩めぐり　→P.10
●荒地山のボルダーめぐり　→P.84

4　仁川渓谷《にがわけいこく》スリル満点岩めぐり ＋ 北山《きたやま》のボルダーめぐり

（歩行時間　約4時間）

阪急仁川駅→仁川渓谷→甲山森林公園→甲山→北山ボルダー群→阪急甲陽園駅

仁川渓谷に点在する岩場めぐりと北山のボルダーめぐりを組み合わせたプランである。仁川渓谷はちょっとした岩や沢の登りもあるベテラン向きコース。一方、北山のボルダーめぐりは、多数の奇岩・怪岩がひしめいているものの、山全体が公園であり危険性は少ない。前半のハードな山行を終えた後、甲山森林公園などで昼食をとり、後半はのんびり岩を楽しみながら帰るのにぴったりである。

Check!

●広域MAP　→P.8
●仁川渓谷スリル満点岩めぐり　→P.98
●北山のボルダーめぐり　→P.32

用語集

RCC【あーるしーしー】……大正13年（1924）に結成された、日本初のロック・クライミング・クラブの略称。藤《ふじ》木《き》九《く》三《ぞう》が中心となり、神戸市で発足した。

岩陰祭祀【いわかげさいし】……巨岩の陰になる部分を利用して神をまつる、古代祭祀の形式の一つ。

磐座【いわくら】……神が鎮座するとされる岩や石。

磐境【いわさか】……神の鎮座する施設・区域。

陰陽石【いんようせき】……男女の陰部に似た形の石。男性の陰部に似るものを陽石、女性の陰部に似るものを陰石とする。信仰の対象や奉納品とされることが多い。

右岸【うがん】……川の下流に向かって右側の岸。

エスケープルート【英：escape route】……ルート上で、天候や体調が悪くなって下山する場合や難所を回避する場合に用いる予備ルート。

延喜式【えんぎしき】……平安初期の禁中の年中行事や制度などを記した律令の施行細則。巻九・十に「神名帳」として当時官社に指定されていた全国の神社一覧が載っている。

役小角【えんのおづぬ】……奈良時代の山岳修行者。大和葛城山に住んで修行し、数々の修行場を開いたとされる伝説的人物。役行者（えんのぎょうじゃ）とも。

肩【かた】……山頂直下の尾根の平坦なところ。

ガレ場【―ば】……大きめの石が積み重なっている場所。

岩海【がんかい】……おもに森林限界以上の高度（周氷河環境）で見られる、風化によって崩れた岩がごろごろと堆積した一帯。

カンテ【独：Kante】……岩の角や、岩壁の突出部。

急登【きゅうとう】……急な登り坂を指す登山用語。

鎖場【くさりば】……垂直にちかい岩や崖のそばなどに手がかりとして鎖が設置してある場所。

クラック【英：crack】……岩壁の割れ目。

懸垂下降【けんすいかこう】……岩登りなどで用いるロープを用いた下降技術。

高地性集落【こうちせいしゅうらく】……弥生時代の集落形態の一つで，台地や山頂に防衛や農耕を営む目的で形成されたもの。

コル【英：col】……山頂と山頂の間にあるもっとも低いところ。鞍部。

ザイル【独：Seil】……クライミング用のロープ。

左岸【さがん】……川の下流に向かって左側の岸。

山論【さんろん】……中世から近世にかけて起こった入会《いりあい》林野の利害関係をめぐる村間の論争。「やまろん」とも。

ジャミング【英：jamming】……クライミングで、岩の割れ目に体の一部を挟み込んで体を支える技術。使う体の部位によって「フットジャム」「ハンドジャム」などという。

修験道【しゅげんどう】……山をご神体と考える山岳信仰が道教や密教と結びついて生まれた、日本独自の信仰。修験者、山伏と呼ばれる修行者が山での厳しい荒行を行う。

シュリンゲ【独：Schlinge】……スリングと言い、重いものをぶら下げたりする時に使う紐状のもの。カラビナに通して体を支えることが多い。

スラブ【英：slab】……ゴツゴツしていないのっぺりした一枚岩。

石鏃【せきぞく】……石で造られたやじり。

節理【せつり】……岩石に見られるやや規則的な割れ目。

先代旧事本紀【せんだいくじほんぎ】……神代から推古朝までの事跡を記した全十巻の書。旧事紀（くじき）とも。

チムニー【英：chimney】……煙突状の岩の裂け目で、人体の入る大きさのもの。クラックより大きい。

チョックストーン【英：chock stone】……岩壁の割れ目にはまりこんでいる石。

銅戈【どうか】……青銅製のほこ。日本では弥生時代に実用の武器から非実用的な祭器に転化した。

登攀【とうはん】……おもに岩などによじ登ること。

トラバース【英：trabarse】……ほぼ同じ標高の道のりで山の斜面を横切るように移動すること。

鱶【ふか】……関西でのサメ類の呼び名。しばしば雨乞《あまご》いの儀式に用いられた。

ボルダリング【英：bouldering】……ロープや道具を使わないで行うクライミングの一種。「ボルダー」は大きな岩の意。

磨製石斧【ませいせきふ】……石などを研磨して作った斧。

矢穴【やあな】　石材を切り出すため、大岩に直線的に並べて打った楔《くさび》の跡。

陽石【ようせき】→ 陰陽石【いんようせき】

参考文献・ウェブサイト

『芦屋郷土誌』、細川道草、芦屋史談会、1963
『芦屋市文化財調査報告』第12集（1980）、第31集・第60集（2003）、芦屋市教育委員会
『芦屋の生活文化史』、芦屋市教育委員会、1979
『有馬温泉史話』、小澤清躬、五典書院、1938
『有馬郡誌』、山脇延吉編、中央印刷出版部、1974
『有馬湯山記』二十五、貝原篤信（益軒）河合章尭、柳枝軒、1716
『磐座紀行』、藤本浩一、甲陽書房、1982
『大坂城再築と東六甲の石切丁場』ヒストリア別冊、大阪歴史学会、2009
『甲山八十八ヶ所（西宮市文化財資料第57号）』、西宮市立郷土資料館編、2012
『神々の考古学』、大和岩雄、大和書房、1998
『関西の岩場』、林照茂編、白山書房、1985年
「神奈備山イワクラ群の進化論的考察」、江頭務、『イワクラ学会会報』9号、2007
『神呪寺八十八箇所調査報告書（西宮市文化財資料第42号）』、西宮市教育委員会、1997
「北山と甑岩<延喜式　大国主西神社>」、江頭務、『イワクラ学会会報』34号、2015
『九相図資料集成』、山本聡美・西山美香、岩田書院、2009
『訓読　元亨釈書』上、藤田琢司、禅文化研究所、2011
「迎湯有馬名所鑑」、『有馬地誌集』、勉誠社、1975
『元亨釈書』巻十八、虎関師錬、『国史大系』31、吉川弘文館、1965
「高座岩の雨乞い」、江頭務、『イワクラ学会会報』21号、2011
『神戸背山登山の思い出』、棚田真輔編、松村好浩監訳、1988
『神戸の伝説』、田辺眞人、神戸新聞総合出版センター、1998
『古事記』新編日本古典文学全集１、小学館、1997
『古事記　文庫版』、倉橋憲司、岩波書店、2006
『自然環境ウォッチング　六甲山』、兵庫県立人と自然の博物館「六甲」研究グループ編著、神戸新聞総合出版センター、2001
『自然のしくみがわかる地理学入門』、水野一晴、ペレ出版、2015
『巡礼・遍路がわかる事典』、中山和久、日本実業出版社、2004
『性霊集』巻十、空海、『日本古典文学大系』71、岩波書店、1965
『神社と古代王権祭祀』、大和岩雄、白水社、1989
『新修芦屋市史』芦屋市、1971
『住吉村誌』、谷田盛太郎編、1946
『正式二万分一地形図集成』関西「有馬」、柏書房、2001

『西摂大観』郡部、仲彦三郎編、明輝社、1911
『西摂大観』郡部（縮刷版）、仲彦三郎編、中外書房、1965
『摂津国名所大絵図』天保七年（1836）、人文社、2005
『摂津名所図会』三、秋里籬島、新典社、1984
『続　神道大系　論説編　元亨釈書和解三』、神道大系編纂会、2005
『徳川大坂城東六甲採石場』、兵庫県教育委員会、2008
「南米ペルーと日本にみる太陽崇拝の古代遺跡について」、中島和子、『京都精華大学紀要』17号、1999
『西宮市史』第1巻、西宮市、1959
『西宮の山岳信仰』、西宮市立郷土資料館編、2011
『日本書紀』新編日本古典文学全集２、小学館、1994
『日本１００岩場④　東海・関西』、北山真編、山と溪谷社、2002
『ひょうご社寺巡礼』、神戸新聞社編、2009
『山口村誌』、西宮市、1973
『山田郷土誌』第二篇、山田郷土誌編纂委員会、1979
『山登り語辞典』、鈴木みき、誠光堂新光社、2017
『山口村誌』、西宮市、1973
『六甲』、竹中靖一、中央出版社、1976
『六甲』、竹中靖一、朋文堂、1933
『六甲山』、ヤマケイ関西ブックス、山と溪谷社、2003
『六甲山の地理』田中真吾編、神戸新聞総合出版センター、1988
「六甲修験とその行場──四鬼家と鷲林寺と地中の道」、早栗佐知子、『久里』24号、神戸女子民俗学会編、2009
「六甲登山史」、棚田真輔、『六甲山』ヤマケイ関西Vol.1、山と溪谷社、2001
『六甲北摂ハイカーの径』、木藤精一郎、阪急ワンダーホーゲルの会、1941
『六甲──摩耶──再度山路図』、直木重一郎、関西徒歩会、1934
「和漢三才図會」、寺島良安、『和漢三才図会』、島田勇雄ほか訳注、平凡社、1985

イワクラ（磐座）学会　http://iwakura.main.jp/
越木岩神社ブログ　https://ameblo.jp/koshikiiwa-negi/entry-12073045596.html
「徳川大坂城東六甲採石場　現地説明会資料」、芦屋市教育委員会、2004、http://www.gensetsu.com/04asiya/doc1.htm
登山用語集　http://www.sunfield.ne.jp/~tkubota/yougo/
ミステリースポット　http://mysteryspot.main.jp/

［著者略歴］

江頭　務（えがしら・つとむ）

1945年、兵庫県明石市生まれ。若い頃より登山を趣味とし、電機会社退職後、阪神間の市街地背後にある六甲山の岩を民話・伝承と登山史の見地から調査。信仰の岩にも着目し磐座と関係の深い「上賀茂神社」「松尾大社」「日吉大社」「大神神社」「宗像大社」「越木岩神社」等の神社と神奈備山に関する多数の論文を発表。イワクラ（磐座）学会理事。近年では、天文考古学に関する論文「キトラ古墳天文図における装飾絵画表現と太初暦紀年法」（『イワクラ（磐座）学会会報』40号）がある。

六甲岩《ろっこういわ》めぐりハイキング

——巨岩《きょがん》・奇岩《きがん》・霊石《れいせき》を楽《たの》しむ9《きゅう》コース＋《プラス》α《アルファ》

2018年4月20日　第1版第1刷　発行

著　者　江頭　務

発行者　矢部敬一

発行所　株式会社 創元社

〈本　　社〉〒541-0047 大阪市中央区淡路町4-3-6

Tel.06-6231-9010㈹　Fax.06-6233-3111

〈東京支店〉〒101-0051 東京都千代田区神田神保町1-2 田辺ビル

Tel.03-6811-0662㈹

〈ホームページ〉http://www.sogensha.co.jp/

印　刷　図書印刷株式会社

装丁　森 裕昌

組版・地図製作　河本佳樹［編集工房ZAPPA］

イラストマップ　ゲキ

ISBN978-4-422-25084-7　C0026

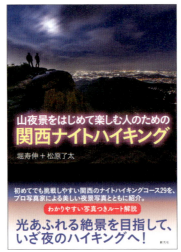

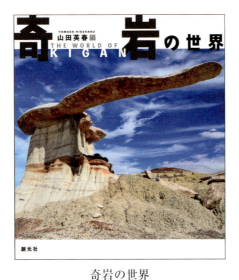